MANIFEST

7 Steps to Living Your Best Life

MANIFEST

7 STEPS TO LIVING YOUR BEST LIFE

显　化

ROXIE NAFOUSI

〔英〕罗克西·纳福西 ◎ 著　罗骞昀 ◎ 译

北京科学技术出版社

著作权合同登记号　图字：01-2024-5068

图书在版编目（CIP）数据

显化 /（英）罗克西·纳福西著 ；
罗骞昀译. -- 北京 ： 北京科学技术出版社，2025.4（2025.6重印）
ISBN 978-7-5714-4382-5

Ⅰ. B821-49

中国国家版本馆CIP数据核字第2025M1C106号

策划编辑：	赵丽娜	电　　话：	0086-10-66135495（总编室）
责任编辑：	赵丽娜		0086-10-66113227（发行部）
责任校对：	贾　荣	网　　址：	www.bkydw.cn
图文制作：	旅教文化	印　　刷：	天津联城印刷有限公司
责任印制：	李　茗	开　　本：	889 mm × 1194 mm　1/32
出 版 人：	曾庆宇	字　　数：	100 千字
出版发行：	北京科学技术出版社	印　　张：	6
社　　址：	北京西直门南大街 16 号	版　　次：	2025 年 4 月第 1 版
邮政编码：	100035	印　　次：	2025 年 6 月第 4 次印刷

ISBN 978-7-5714-4382-5

定　　价：69.00元

写给我的儿子，沃尔夫

去成为任何你想成为的模样。

引　言

显化：
让梦想照进现实

显化是创造梦想生活的能力，一旦拥有了这个能力，你便能创造你渴求的事物，自由书写你的人生故事。

我的显化之旅

2018 年 5 月，我彼时的生活与现在的有着天壤之别。那年我 27 岁，不知道自己想做什么。我没有工作，没有方向，没有目标感。我与抑郁症抗争了十余年。大部分时间我都非常悲伤，找不到自我存在的价值。并且在经历了几段失败的恋情之后，我感到异常孤独。

那时我刚从泰国回来，完成了为期一个月的瑜伽教师培训课程。我不仅想取得资格证书从而开启某项事业，还想借此机会远离城市生活的诱惑，治愈内心的伤痛，改变自己放纵、享乐的生活方式。但回伦敦不过一天时间，我就发现自己又陷入了与过往相同的怪圈：抽烟、喝酒，我的人生再次跌入谷底。我彻底绝望了，如果连进行一个月的自我反省、每日冥想、清洁饮食和练 200 小时瑜伽都帮不了我，还有什么能救我于水火呢？

在那个崩溃时分，我给我的朋友索菲亚打了个电话。我问她："我到底什么时候才能快乐呢？"她说："我昨晚听的播客提到了'显化'，我觉得它真的能帮到你，我现在就发你播客链接。"当时我正在去做美甲的路上，我想那就在做美甲的时候听一听吧。直到现在，这个场景依旧历历在目：我坐在白色的椅子上，穿着黑色紧身裤和宽松的牛仔夹克，一边涂糖果粉色的甲油胶，一边认真听着即将永远改变我生活的播客。

做完美甲，我径直回到家，打开电脑，在网上搜索"什么是显化？"。我阅读、研究、聆听、学习，尽我所能地了解有关显化的一切。很快，我知道了我想显化的第一件事：无条件的爱。

我将学到的内容付诸实践。一周后，我在一款安全性高的交友软件上收到了我后来的爱人韦德·布里格斯（Wade Briggs）发来的信息，然后我们相爱了，一年多后，我们的儿子沃尔夫出生了。这一切就是我获得的无条件的爱。

三年后，韦德和我比以往任何时候都更坚强，我们都深深地爱着我们的儿子。此外，我开创了一份事业，而且做得还不错。我目标明确，充满热情，我内心的快乐和满足溢于言表，我终于实现了曾以为永远无法企及的目标：

自爱。

之后我整理了接触显化以来的所学，总结出了七个简单易行的步骤。接着，我开始按照这七个步骤做，壮阔的生命画卷就迅速展开了。这样的改变来得如此神奇，又如此合情合理。我的生活发生了天翻地覆的变化，可以说一切都变得和以前不同了，而这样的改变归根结底都源于我理解了显化的艺术。

我开始将显化这种不可思议的实践告诉我所有的朋友，以及我在社交媒体上为数不多的粉丝。多数人都不知道我在说什么，而那些知道的人总是说："哦，那不就是你只要想象你所渴求的事，它就会发生吗？"那时我便意识到，多数人从未听说过显化，而听说过的人对它的了解程度似乎也仅限于浅尝辄止，这就是为什么很少有人能成功显化。

我感受到了内心的强烈渴望和使命感，我想带领尽可能多的人发掘他们的内在力量。过去两年，我在工作坊和网络研讨会上与成千上万的人分享了我的七步显化指南。我每天都会收到一些朋友的留言，他们运用这种强大而神奇的实践，改变了自己的生活，实现了自己的梦想。

时间来到 2021 年，我知道是时候写本书了，我想借由文字触达和影响更多的人。

我每天都在进行显化，它的七个步骤已经融入了我的生活，而我即将用它为你的生活赋能。我生活的各个方面都幸得显化的帮助，它让我在每天醒来时对自己拥有的一切心存感激，并对即将来到我身边的事物感到兴奋不已。

开办工作坊以来，我发现人们对显化的兴趣日益高涨。看到越来越多的人接受“将命运掌握在自己手中”的观念，我感到非常兴奋。与此同时，对很多人来说，显化的信息量可能过大，让人不知从何开始了解。在本书中，我将你需要知道的有关显化的一切信息简化为七个简单的步骤，这样你就可以轻松地解锁自身神奇的力量，开启显化梦想生活的旅程。

我想明确强调的是：显化不仅仅是一种潮流。**显化是科学与智慧的结合，它是一种生活哲学，也是一种自我发展实践，它可以帮助每个人活出最好的自己。**

显化并非一个新概念。早在1906年，威廉·沃克·阿特金森（William Walker Atkinson）就在《思维震动：思维世界中的吸引力法则》一书中提及显化这一概念。此外，我很喜欢记者拿破仑·希尔（Napoleon Hill）1937年在《思考致富》一书中对显化的定义。书中写道：“你是你命运的主人，你可以影响、指导和掌控自己所处的环境，你可以塑造你想要的生活。”从那时起，许多名人和学者都开始撰写文章，认可显化，包括我最喜爱的一些老师：路易丝·海（Louise Hay）、埃斯特·希克斯（Esther Hicks）、韦恩·戴尔（Wayne Dyer）、埃克哈特·托利（Eckhart Tolle）、奥普拉·温弗瑞（Oprah Winfrey）和乔·迪斯派尼兹（Joe Dispenza）。

这些人无一例外地知道一件我现在也知道的事实：显化是行之有效的。

显化的科学奥秘

我方才提到，显化是科学与智慧的结合，在这里我想简要地用科学知识解释一下显化。

量子物理学告诉我们，宇宙万物都是由能量构成的。人是由能量构成的，我们坐的椅子是由能量构成的，头顶的天空也是由能量构成的。换句话说，所有物质都是能量的集合，而物与物的区别在于其振动频率及其原子的密度。振动频率可高可低，也可介于两者之间。

吸引力法则指出，**同频共振，同类相吸**。这意味着高频振动的能量吸引高频振动的能量，反之，低频振动的能量吸引低频振动的能量。

我们的思想、感受和情绪也都是由能量构成的，不同的情绪有不同的振动频率。当我们改变自己的想法时，感受和情绪也会随之变化，我们整体的振动频率进而也会发生改变。然后我们就能吸引与自身同等振动频率的事物。因此，我们如果改变想法，进而改变情绪，就能改变自己的振动频率，最终改变自己的现实生活。

在本书中，我将使用“高能量”和“低能量”来描述人、事、物的高频振动和低频振动。

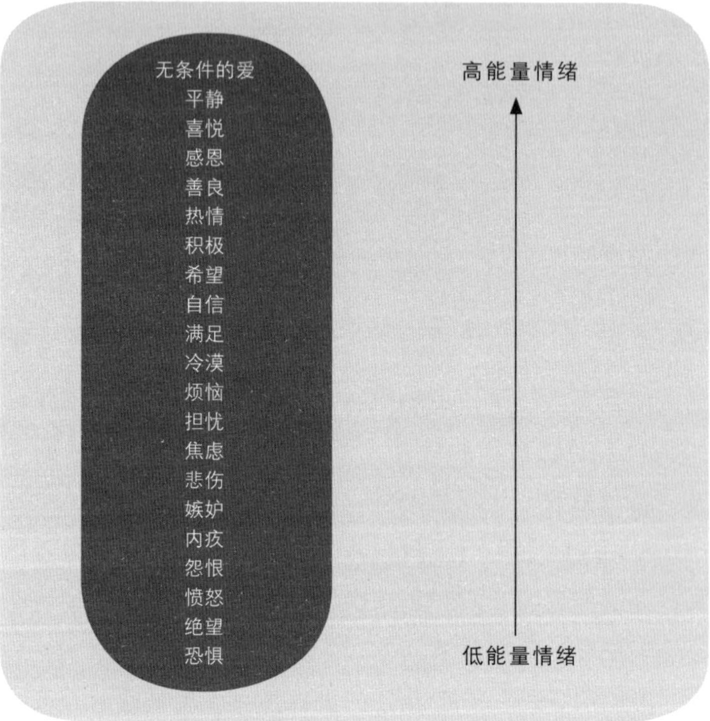

显化也可以用另一种原理来解释，这种原理与量子物理学的关系不大，与神经科学的联系更紧密。其原理是，我们可以利用神经可塑性（大脑通过学习、经历和成长改变现有神经通路和形成新神经通路的能力）来提升潜意识层面的自我价值感，克服限制性信念，同时引导大脑看见机遇，调整自身行为，从而达到预期目标。在阅读本书的过程中，你将会明白为什么你需要在显化之旅中了解这些内容。

> 如果你想了解更多关于显化的科学奥秘，我建议你阅读塔拉·斯沃特（Tara Swart）博士的书《潜能之源》。塔拉是我的朋友，她是一位神经学家，同时也是显化专家，她在书中用认知研究展示了显化的力量。

相信的力量

每当我谈到显化，我都会提到相信的力量。对我来说，这是显化的力量之源。你要相信你有能力去改变，去发展，去成长，你要相信你值得拥有梦想，你会实现梦想。永远不要低估相信的力量。

现在，你准备好释放自己的内在力量，活出最好的自己了吗？

目　录

步骤一　明确你的愿景　/ 001

步骤二　消除恐惧和疑虑　/ 015

步骤三　调整你的行为　/ 057

步骤四　让考验引领你前行　/ 085

步骤五　拥有感恩之心　/ 099

步骤六　化嫉妒为灵感　/ 121

步骤七　相信相信的力量　/ 141

后　记　/ 153

致　谢　/ 155

STEP

ONE

步骤一

明确你的愿景

任何一件事情的发生

都需要经历两个阶段:

首先在头脑中形成,

然后在现实中实现。

罗宾·夏玛(*Robin Sharma*)

显化之旅的第一步是明确你的愿景。简单来说，如果没有目的地，你注定无法到达梦想之地。

视觉化（也被称为“观想”）是显化的一种重要工具，它指在大脑中“看到”愿景。在这里，我要解释一下为什么在显化之旅中明确自己想要什么并将其视觉化非常重要。当你在脑海中构建一段经历时，你的大脑会做出反应，仿佛这并非空想，而是真实发生的事情。神经学家塔拉·斯沃特博士在《潜能之源》一书中说：“视觉化行之有效，是因为对大脑来说，在外部世界真实经历了一件事与在脑海中想象发生了这件事，两者之间的差别微乎其微。这或许有些出人意料。”例如，如果你想象自己正处在紧张的局面中，你的大脑就会做出相应的反应：神经系统会做好“战斗或逃跑”的准备，并释放压力激素——皮质醇和肾上腺素；这会导致你心跳加快、呼吸急促、血压升高。因此，想象有压力的情形的确会给身体带来生理性的压力。反之，如果你想象自己身处宁静祥和的环境中，大脑就会诱导神经系统平静下来，身体也会随之放松。你在脑海中想象的画面会给身体带来生理变化，进一步影响你的现实经历。根据吸引力法则，当你想象自己拥有最想要的东西时，随之而来的生理变化会改变你的能量，进而决定你能吸引什么进入你的生活。

视觉化还能以另一种方式帮助你显化：当你开始规律

地练习视觉化，想象自己想要的东西，你的大脑就会做出反应，按照想象中的目标改变你的行为模式和对周围环境的认知。大脑还会对符合你愿景的新机会更敏锐，保持更开放的态度，同时过滤掉不符合愿景的信息。这意味着你可以为大脑提供动力，让其带领你向着期望的未来前进。

> 视觉化可能是媒体谈论得最多的显化工具。无数名人、运动员和首席执行官都认为自己的成功很大程度上靠的是将目标反复视觉化。游泳运动员迈克尔·菲尔普斯（Michael Phelps）曾 23 次夺得奥运会金牌，创造了“奥运历史上获得奖牌和金牌最多的运动员”纪录。他说自己在准备所有比赛时都会练习视觉化，不仅会想象获胜的场景，也会预想可能出现的问题或挑战，并想象自己轻松克服了这些困难。在对所有情形进行了视觉化，并始终预想最佳结果后，他就为赢得比赛做好了充分准备。

视觉化越具体，感受就越真实，显化能力就越强。若想让想象真正照进现实，你就要尽可能多地弄清楚细节。**在构建愿景时，要尽可能具体**。如果你在想象梦想之家，你能具体说明房子的位置、卧室数量和整体布局吗？你能想象出大门的颜色或花园里花朵的模样吗？你还可以这么理解视觉化：如果你要开车去机场，你不会指望只在地图软件上输入“机场”二字，导航就能指引你到达目的地吧？你肯定会输入你想到达的机场和航站楼的名称。同理，在练习视觉化时，含糊其词远远不够，你描述的细节越多、越具体，你的愿景就越清晰。

不过，让视觉化生效的秘诀在于明白这一点：仅仅在脑海中看到你想要的东西是不够的，你还必须让自己沉浸在拥有它们的感受中。只有当你“看到”自己想要的东西，然后创造出已经拥有它的情感体验时，你才能改变自己的能量。因此，当你想象自己的梦想之家时，你还需要想象住进那里的真实感受；如果你想邂逅灵魂伴侣，那么你不仅要想象伴侣的模样，还要想象这种关系带给你的感受——你能想象出拥有无条件的爱、安全感、温暖，以及与另一个人共同营造的家带来的舒适感吗？每当你通过视觉化在内心创造一种感受，比如满足、快乐、自信或爱，你的振动频率（也就是你的能量）就会提高，从而吸引高能量的资源来到你身边。

读到这里，你可能想：“其实我并不知道自己想显化什么，我也很难想象出我想要的具体的东西。”你可能不知道自己想要什么工作，不知道自己想住在哪里，也不知道自己希望一年后的生活是什么样子。你可能正处于人生的关键期，你寻求改变，却不知该往哪个方向走。处于这种情况的你其实并不孤单。事实上，很多人都是在感到迷茫、没有方向或陷入困境的时候发现显化的魔力的。如果你正在经历这样的时刻，那么我鼓励你将你想拥有的感受视觉化。你可能想让自己更自信、更满足、更有热情、更有动力、更有爱意或更平静，你大可显化你想拥有的感受。

去年，我与一位客户有密切的合作。她第一次来找我时，正处于人生的最低谷。她尝试过许多治疗方法和疗愈技术，但它们似乎都无法给她的生活带来持久的改变。她对我说："我知道你经常谈论显化，你能够帮助我显化吗？不过我不知道我想要什么。"我微笑着点了点头，问她是否愿意和我一起进行视觉化练习。她同意了，于是我引导她进入放松状态，然后让她想象六个月后的自己。我让她试着确认未来理想中的自己带给她什么样的感受，并鼓励她将这种由衷的感受具象化。在我把她带回当下之后，她说她最想要的是能够在清晨醒来时精力充沛，并对未来的日子充满希望。就像许多有心理问题或情绪问题的人那样，她已经很久没有体会到这种感受了。通过进行视觉化练习，想象自己想拥有的感受，她开始了她的显化之旅。仅仅在六个月后，她就能在每天醒来时精力充沛，对新的一天充满希望，而且她的内在世界和外在世界都发生了变化。她的事业蒸蒸日上，人际关系以及与自己的关系也越来越和谐，而这一切都源于将想拥有的感受视觉化。

在你将理想的未来视觉化时，你不仅要想象想显化的事物，还要**想象你想成为的人**。事实上，“我想成为什么样的人？”可能是整个显化过程中最重要的问题。当你想象未来的自己——明天、下个月、明年你想成为的那个人——时，问问自己：“这样的我身体、情绪和精力如何？这样的我每天会做什么事？我会养成哪些习惯？我会如何处理压力？我会有什么样的价值观和信念？我会拥有什么样的人际关系？”弄清楚自己想成为什么样的人，并从此时此刻开始，无条件地爱他。要知道，**这样的你已经在你的内在世界潜伏已久**，在你按照本书步骤行动时，他正耐心地等待着被你唤醒。

> 显化给我们最好的礼物，不是帮助我们吸引来我们想拥有的东西，而是帮助我们释放最有力量、最真实的自己，培养自爱的能力，并让我们看到自己最好的模样。

每当我想让自己沉浸在对未来的自己的想象中时，我就会开始冥想：坐在一个安静的空间里，专注于呼吸，将注意力集中在吸气和呼气时腹部的起伏上。当我全然地活在当下时，我会感到身心放松。一旦进入这种放松状态，我就会让想象力带自己进入未来的时光，然后开始将我的想象具象化。我会想象丰富多彩的细节，并唤起自身强烈的感受和情感。我通常每周会进行 2 ~ 3 次视觉化练习，每次 10 ~ 15 分钟。

如果你才开始接触冥想，那么我建议你使用冥想引导音频帮你进入放松状态，或引导你完成视觉化练习。网上有无数的冥想引导音频，你不妨多试几种，找到你由衷喜欢的音频。

常见问题

问：我能同时显化多个目标吗?

答：可以，当然可以！许多人都会在一个时间段内有多个想显化的目标，只要它们彼此呼应，你就可以实现同时显化。不过，在视觉化的过程中，尽量一次只专注于一个目标，这样你才能沉浸在每一次想象中。

一旦你知道自己想成为什么样的人，想显化什么东西，你就可以创建你的愿景板。愿景板是你梦想生活的一种视觉呈现。一个颇具创意的愿景板可以帮助你更清晰地了解你想显化的不同事物。

注意：当你在将想要的事物视觉化，或者在创建愿景板时，请写下你由衷想要的事物。不要写下你认为自己应该想要的事物，或者别人（比如父母、老师或伴侣）想让你拥有的事物。要让愿景板有效，上面呈现的就必须是你由衷想成为的人或想要的事物。另外，你无须拿自己的愿景与别人的比较。你不必因为你最好的朋友梦想拥有一栋豪宅，你就也想拥有。最重要的是，要记住，显化并不只是吸引物质财富进入你的生活，而是给你赋能，让你有能力过上对你而言最好的生活。有些老话确实说得不错：真正的满足和快乐并非源于物质财富，而源于我们周围的人际关系，源于目标感，源于做真实的自己的能力。因此，要选择显化那些能最大限度带给你满足感的事物，你要知道，只有你自己才知道那是什么。

创建你的愿景板

上网搜索时，你会发现创建愿景板的方式有很多，这些方式没有对错之分。因此，只要你喜欢的方式能最大限度地帮助你将梦想生活视觉化，你就可以用它来创建愿景板。

你可以按照自己的方式创建愿景板，也可以跟着我，按照以下方式来做。

1. 布置场景

点上蜡烛，播放一些轻松的音乐，营造一个平静的冥想环境。让创建愿景板练习成为一项有仪式感的活动，你尽情享受，沉醉其中。

2. 选择媒介

拿出一张大的卡片或纸，你可以用不同颜色的笔写下你的目标（可以分点列出，也可以自由罗列），也可以用图像来展示（画出来或从杂志 / 报纸上剪下你想吸引来的事物的图片或文字）。

选择最适合你的方式，一定要从中获得乐趣。

3. 选择时间

在愿景板顶端写下你想实现目标的确切日期。

你可以创建时长为六个月、一年，甚至五年的愿景板。就我个人来说，这三种愿景板我都会创建。

我有时会发现，人们很难想象出自己一年后的梦想生活的样子，而更容易想象出五年后的生活，这因人而异。因此，在感到选择时间有点困难时请记住，你完全可以选择一个适合你的时间。

4. 进入状态

在开始填充愿景板之前，你要确保自己已经进入了状态，能够体会到未来的你的感受。停顿片刻，做几次深呼吸，想象六个月、一年或五年后的自己。问自己以下问题，同时在脑海中描绘出清晰的图景。

- 我内心的感受是什么样的？
- 我有着什么样的人际关系？
- 我住在什么样的家里？
- 我的职业是什么？
- 我最引以为傲的是什么？
- 我想在生活中改变什么？
- 我想保持不变的是什么？

在回答这些问题时，让自己自由地游走在梦想、渴望和需求中，让思绪到你想去的地方，不要让恐惧限制你的想象力。沉浸其中，让想象中未来的自己的形象变得鲜活起来吧。

5. 将生活分门别类[①]

将愿景板划分为六个板块：

- 个人发展（比如个人成长或你想拥有的感受）；

① 这一步可有可无。我个人很喜欢这一步，因为它能帮助我明确自己在生活的各个领域想要什么，而非仅在某一部分想要什么。——作者注

- ○ 爱情；
- ○ 事业；
- ○ 朋友和家人；
- ○ 房子 / 家；
- ○ 兴趣爱好 / 休闲娱乐。

6. 设计生活

在每个板块写下你想显化的所有事物。如果你使用的是剪下的图片，比如你梦想中的房子，那么就把它们贴在愿景板上。

我会尽可能保证每个板块至少有三个事物——数量没有限制，你可以在愿景板上任意添加你想要的事物。

7. 收好愿景板

制作好愿景板后，把它放在安全的地方，并设置一个提醒，等到了你写在最上面的日期时再把它拿出来。

> 当愿景板上的事物开始在你的生活中显化，你开始逐渐成为你想成为的那个人时，你的愿望或目标可能改变或扩大。你在成长，你的梦想也在成长。那你就顺其自然，灵活地对待视觉化练习；你随时可以在愿景板上添加或删除一些事物。

记住，你是你生活的设计师、负责人和建筑者，你有权重新规划、改变和决定你的愿景。

知道自己想要什么是显化的第一步。在带你进入下一步之前，我希望你记住以下的事情。

要了解自己想成为什么样的人，并踏上成为最强大的自己这段旅程，**你就要先放下过去的自己和你过去认为应该成为的自己**。是你的过去塑造了今天的你，但过去同时也会阻碍你向渴望抵达的地方前进。很多人都下意识地假设自己不可能再改变了，你听过或说过多少次“江山易改，本性难移”呢？这句谚语的字面意思是：一个人是不可能改变的。你又说过多少次诸如“我一直都这样”“我就是这样的人”之类的话？这些话看似无伤大雅，但会使你产生一种潜在的信念，即一个人永远只能有一个版本。这种信念使你无法相信自己有能力去改变、去发展、去成长，最终阻碍了你的发展。事实上，改变不仅可能发生，还不可避免地一直在发生。昨天的你不是今天的你，也不是明天的你。因此，在你的显化之旅中，在阅读本书时，抑或在以后的日子里，我鼓励你以自己每天的变化为荣。

在每个全新的一天，以你自己为荣，以你想成为的人为荣，不要因过去束手束脚。你想拥有的感受与别人不同，这没有任何问题；你想要的事物与众不同，也没有任何问题；你想成为一个全新的自己，这也太棒了。沉浸其中，让显化的魔力助力你成为最好的自己。

伴随每天崭新的日出，你蜕变为全新的自己。

当你踏上显化之旅时，先花点时间思考你到底想要什么，想想你为什么想要，以及实现梦想会是什么样的感受。尽可能将你的梦想具体化。你如果无法将一件事物视觉化，那么就想象一种你希望拥有的感受。定期沉浸地去想象未来的自己，让这种感受改变你的能量，同时引导你的大脑推动你实现这个目标。享受你的梦想带来的乐趣：创建梦想生活的愿景板，在循着七步显化指南行动的过程中，你的梦想会一步步成为现实。

MANIFEST

7 Steps

To

Living Your

Best Life

STEP

TWO

步骤二

消除恐惧和疑虑

恐惧和自我怀疑是

发挥自身潜力的头号敌人。

布里安·特雷西（*Brian Tracy*）

在理解显化时，你要明白的最重要的一点是：你显化的不仅是意识层面的想法，也是潜意识层面关于“你值得什么”的信念。这意味着，**你只能显化你由衷相信自己值得拥有的事物**。

研究显示，人的认知活动中只有 5% 处于意识层面，其余 95% 都处于潜意识层面。也就是说，你 95% 的想法、反应、决定、认知和行为模式都是由潜意识驱动的。如此，为什么潜意识会对你的现实生活产生非常深远的影响也就不难理解了。可潜意识不仅能驱动人实现梦想，也会阻碍人前进，这是因为潜意识中有两种东西会阻碍显化：恐惧和疑虑。

恐惧和疑虑的表现形式包括不安全感、限制性信念，以及不配得感。恐惧和疑虑会削弱你的显化能力，它们向你的潜意识发出这样的信息：“我不值得或还没有准备好接受我所渴求之物。”

恐惧和疑虑的力量非常强大，它们甚至在显化之旅的第一步就给你设置了障碍，阻止你想象自己想要的事物。现在，我想请你花一分钟暂停一下，将你希望在下一个财年显化的确切收入视觉化，并立刻把这个数字写在一张纸上。看着这个数字，你能诚实地告诉我，这就是你梦想的收入吗？还是只是一个你认为在现实中可以成功显化的数字？

恐惧和疑虑会伪装成你的朋友，告诉你它们在保护你，不让你经历可以预见的失望。它们还会活跃在你解锁丰盛资源的探索之旅中，为你设置重重阻碍。

扪心自问，在上一步制作愿景板时，你是否没有写下一些内心最深处的渴望，仅仅因为内心有声音告诉你这些愿望遥不可及，写下它们毫无意义？你的限制性信念告诉你，你的梦想根本不可能实现，这个声音阻碍了你想象自己的梦想生活。

几个月前，我最好的朋友莉娅来找我，想让我帮助她踏上显化之旅。我们点上蜡烛，布置好环境。我带她进行了一次视觉化练习，然后我们铺开大张彩纸，拿出杂志和记号笔，开始制作愿景板。我看到她每隔几分钟就会犹豫一下，想写点什么，但又停住了。我停下来问她："你刚刚想写下什么？"她回答说："我只是想现实一点。"后来我们互相分享自己的愿景板时，我看到她划掉了"获得10个新客户"，取而代之的是"获得5个新客户"。我问她为什么要这么做，她说她不想写下"万一实现不了"的事物。她是我最好的朋友，我们经常谈论在生活中想获得的成就和想实现的梦想，我可以看出她在刻意避免写下一些内心最深处的愿望。我可以肯定的是：恐惧和疑虑控制了她。

在我的显化之旅初期，我也做过同样的事情。在有一年的最后一天，我决定做点与前十年不同的事：不在这天晚上喝得烂醉，不带着宿醉的难受劲度过新年的第一天。我想待在家，做点我最爱的饭菜，然后坐下来制作我的愿景板——现在这已经成为我迎接新年的仪式。那时，我刚刚踏上显化之旅，准备制作我的第一个五年愿景板。在这个过程中，我感受到了许多阻力，自我怀疑不断涌现。例如，我渴望站在舞台上发表与自我发展有关的演讲，台下有成千上万的人。为什么我会有这样的梦想？因为我想让更多的人看到他们内在无穷的力量，这些力量足以帮助他们自我治愈、自我进化、活出最好的自己。我想尽我所能，让自我发展成为一种趋势，让它像潮流服饰一样成为时尚和主流——这就是我的目标和热情所在。尽管如此，我却无法把它写在愿景板上。一想到把它写下来，但可能无法实现它，我就觉得非常难堪，甚至不给自己机会去思考这个梦想能否实现。我的恐惧试图保护我免遭失败，但它也阻碍了我显化我想要的事物。

我意识到，创建愿景板的作用不仅仅是帮助我将我想显化的事物视觉化，它还提供了一个契机，让我更清楚地了解自己的恐惧和疑虑。每当你犹豫不决，不让自己在愿景板上写下什么的时候，问问自己：“我为什么犹豫不决？是哪些限制性信念在影响着我？”在这个阶段意识到你的恐惧和疑虑，你就有机会消除它们，从而扫除显化路上的一切阻碍。

在我制作下一个愿景板时，我向自己发起了一个挑战：写下我的每个梦想，无论大小，同时不让自身的不安全感挡道。

当我们充分允许自己做梦时，恐惧和疑虑将无处可藏。

> 试试这么做：如果你以前制作的愿景板受到了恐惧和疑虑的影响，那么你应该现在就去修改它，或者创建一块全新的愿景板，写下你由衷想要的一切。在做这件事之前，对自己说："如果没有恐惧和疑虑的阻碍，那么这就是我想显化的梦想生活。"写下你想吸引来的全部事物。
>
> **敢于做梦，不要退缩。**

想要轻松且有效地将任何事物显化到你的生活中，你就要相信你值得拥有这些事物。请再读一遍这句话。

举个例子，假设你是一位艺术家，你希望显化的事情是成功销售自己的作品。你可以想象在喜欢的美术馆展示自己的艺术作品，也可以想象卖出作品的感受。但如果你内心深处不相信自己足够优秀，不值得称赞，那么你就无法吸引让你的作品获得赞赏的机会。你吸引的不仅是你感受到的，还有你相信的。如果恐惧和疑虑阻碍了你，你就无法成功显化。因此，要在显化之旅中不断向前，你就要先识别并消除自身的恐惧和疑虑。这就是我所说的内在功课，是自我发展的过程。在这一点上，重要的是认识到消除恐惧和疑虑的内在功课无法一蹴而就。一些限制性信念可能相对容易被看到和消除，另一些则可能根深蒂固，需要花费大量的精力、时间和努力移除，才能让它们不再阻碍你。

多数人都有相当多的限制性信念、有很强烈的不安全感和疑虑，这些想法和感受从幼年起就开始累积，一直持续到现在。它们影响着人的意识和潜意识，阻碍人释放最大的潜能。这就是为什么在显化之旅中，你会不断回到显化七步指南中的第二步。

常见问题

问：什么是限制性信念？

答：当一个想法重复出现，乃至它成为你下意识的反应时，信念就形成了。我们的信念驱动着我们的

> 行为，因此，当某种信念在一定程度上阻碍了我们的发展时，它就成了一种限制性信念。
>
> 例如，如果我们在成长过程中反复接收到“我不值得被爱”的信息，我们最终就会相信它，我们的行为模式也会受到这种信念的影响。这可能意味着在以后的生活中，我们会接受别人对我们不好，或者会下意识地维持有毒的人际关系来支持这种限制性信念。
>
> 信念在童年、青春期和成年期都可以形成。

在这里，我想和你分享一个关于我与恐惧和疑虑的小故事。

当我回顾显化之前的生活时，我发现自己被不安全感裹挟了。我的自暴自弃使我疲惫不堪，自我价值感的缺失影响着生活的方方面面。这一切都源于我的内心深处，源于我的过往经历和潜意识层面的记忆。消除恐惧和疑虑之旅是我经历过的最宝贵、最深刻的旅程。现在这段旅程仍在继续：我每天都在这一步下功夫。我能敏锐地捕捉到自己的想法。当恐惧和疑虑出没时，我会花点时间抓住它们，思考它们的来处，然后立即采取行动消除它们。我在这个过程中使用了一些工具，稍后我就会提到。

我所持有的限制性信念之一是：我无法凭借自己的能力取得成功。在成长过程中，我一直想确保我能拥有经济稳定的人生。和许多人一样，我也想舒舒服服地窝在我爱的家里，不想为账单或养孩子发愁——我从小就相信，要实现这个愿望，我就需要一个能为我提供经济支持的丈夫。我告诉自己，我没有足够强的能力，也没有足够大的智慧，无法凭自己的能力成为一个事业成功、经济独立的女人。在我 21 岁那年，我无法自拔地爱上了一个男人，我们在一起的那两年像极了童话。那时候，我把自我价值感的来源都寄托在他身上。当这段关系突然破碎时，我伤心欲绝，失去了自我。事实上，在发现显化之前，我在所有的恋爱关系中都在伴侣身上寻求自我价值感。在那时，我认为自己的“好”取决于我的伴侣有多好，我的自我价值感总与伴侣直接相关。

当时，我没有意识到自己陷入了这种模式。另外，那些年我几乎没有赚钱，因为在恋爱关系中，我有一种限制性信念——我需要依靠别人。我找不到工作，也没有方向、目标或动力。我的恐惧和疑虑阻碍了我发展事业、实现经济独立，让我无法走向自己的光明。

而就在我踏上显化之旅后不久，我遇到了韦德。这一次，我遇到了一个与我势均力敌的“队友”，而非一个我期待从他那里获得自我价值感的人，他不会让他的世界成为我的避风港，以此让我逃离自己的世界。韦德给了我更神奇的礼物：最好的情感支持、无条件的爱和完全做自己的自由。我相信人生最幸运的事情之一就是遇见了他，不仅仅因为我们有了一个可爱的儿子，还因为如果没有他陪伴在我身边，帮助我认识到自己本自具足，我可能就无法动力满满地专注于自己的事业，并取得现在的成就。

我成功显化的事物越来越多。终于，我意识到我完全能靠自己实现梦寐以求的经济稳定，获得想要的那份认可，我不需要别人为我提供这些。我知道了阻碍我实现梦想的因素只有恐惧和疑虑。我总是害怕自己不够聪明、价值不够大或不够优秀，并且受成长经历和外界媒体的影响，我的潜意识中埋藏着自我怀疑，怀疑女人能否成功开创自己的事业。认识到这些后，我努力克服和消除每一种恐惧和疑虑。从2018年至2020年，我的收入增长了十倍。现在，在我写这篇文章的时候，我可以自豪地说我已经实现了儿时的梦想，能够自给自足，可以带儿子去度假，可以轻松支付花销，可以宠爱我最爱的人。我内心的力量一直都在，只是需要自己去解锁。

识别恐惧和疑虑

在你写下你由衷想吸引进生活中的所有事物后，你必须足够诚实地面对自己，看看你的显化之旅中有哪些恐惧和疑虑。

你可以问自己以下几个问题。

○ 我真的相信自己值得拥有它吗?

○ 我真的相信自己能够做到吗?

○ 我真的相信这可能实现吗?

○ 我现在对哪些事情感到不安?

○ 哪些限制性信念在阻碍着我?

现在，请你花一点时间思考一个你想显化的事物，在脑海中清晰地“看到”它，然后花几分钟感受当你真的去实现它时，脑海中出现的恐惧和疑虑。尽己所能地挖掘恐惧和疑虑，并把它们写在以下空白处。

> **注意:** 无论你心里那个让你无法相信自己的声音有多小，你都要拎出它并记录下来。即使觉得某个想法不合理，你也要把这个想法写下来。挖掘恐惧和疑虑的每一处细节，就是在为消除它们赋能。

我想显化什么?

我有哪些恐惧和疑虑?

看着你刚刚发现的恐惧和疑虑，你就会明白**这些限制性信念和不安全感在阻碍你活出最好的自己**，而你发现的越多，它们对你的影响就会越小。自我觉察是所有自我发展之旅的起点。只要完成这个练习，找出你持有的限制性信念，你就已经开始了克服和消除它们的旅程。

我建议你对每件想显化的事情，或者在感到显化受阻的时候进行这个练习，让它帮助你认识到当前的障碍。留心你每天的想法，将内心发出的不安的声音记录下来。你感知它们的能力越强，它们消失的速度就会越快。

消除恐惧和疑虑

消除恐惧和疑虑也是在自我发展。为了成功显化梦想生活，你每天都要做内在功课：消除限制性信念，意识到自我价值，释放自己的潜能，重新找回与生俱来的自我认同感。只有这样，你的生命才不会被不安全感裹挟，从而能放下包袱、向上生长。

那么，你该如何做呢？消除恐惧和疑虑有多种方法，这里我想与你分享我认为特别厉害的四种。

- 掌握你的思想
- 注意你的语言
- 利用肯定语
- 进行视觉化练习

> **注意：**恐惧和疑虑可能源于心理创伤，有些人可能觉得它们的力量过于强大，自己无法独自克服。你如果认为自己处于这种情况，那么我建议你与心理治疗师、整合疗愈师、精神科医生等其他心理健康专业人士合作。这是一种必要且有价值的投资，因为借由别人的帮助，你的恐惧和疑虑将会消除。与此同时，你可以使用以下的方法。

1. 掌握你的思想

在本章开头，我给你上了重要的一课：你显化的不仅是意识层面的想法，也是潜意识层面关于“你值得什么”的信念。这是事实，你绝不能低估思想的力量和它们对潜意识的持续影响。

潜意识服从于意识。因此，你的潜意识总会认可意识层面的想法。

你自言自语时会说些什么？多数人脑海中都有一个声音，它说的话非常不客气。它告诉你，你没有价值、不可爱、不聪明、不讨喜、无趣……它能说出你能想到的所有丧气话。这个声音表现出了你的恐惧和疑虑。在我举办的网络研讨会上，我会让大家对自己说一些善意的话。例如，我会鼓励大家在脑海中重复或直接大声说出“我很棒，我很美，认识我的人太幸运了，真实的我就是最好的，我爱我自己”。之后，我会问他们这么做有什么样的感受。每次都有很多人说，即使没人听见，他们也觉得这么对自己说话很傻，很不自在。接着，我让他们说一些“我真没用，我怎么做都不够好”之类的话，再问他们感受如何，他们说这么做太容易了。我引导大家做这个简单的练习是想让大家看到，对自己说出限制性话语是一件多么轻易的事，而带着爱和尊重对自己说话是一件多么困难的事。

我对此深有同感。我有二十年都在对着镜子里的自己说“你真丑，你是个失败者，你很可怜，你永远都不够好”之类的话。我每天都在指责自己为什么是这个样子，我的内在声音就是我低自尊的罪魁祸首。我允许自己的不安全感发声，随之而来的却是不安全感被放大。终于有一天，我被它搞得筋疲力尽，再也没有力气承受对自己的语言暴力了。也许读到这里的你也有过这种感受。我意识到，如果我继续以这种方式对自己说话，我将永远无法充分发挥自己的能力，过上梦想中的生活。

于是我开始支持自己，成为自己的啦啦队队长。即使刚开始感到不舒服，我还是这么做了。我对自己说善意的、充满爱的话语，因为我知道，即使我尚未接受这些话语，我的潜意识也会“听到”并相信这些话。而当我选择采用那些支持我、给我力量的想法后，我感到我的自信心增强了。在我意识到一些消极的或限制性的话语呼之欲出时，我会立即对它们喊停，然后对自己说“你做得很不错”“你可以做到任何你想做成的事”“你很强大”“你可以做到的”“没事的”。我知道每当我以这种方式运用思想的力量时，我就在增强显化能力。一个月后，我发现这么做已经很自然了。两个月后，积极、正向的声音已经能够主导我的内在声音了。同时，我真的相信自己所说的话了——当我对自己说“你能行！”或“你应该为自己感到骄傲”时，我是认真的。我掌握了自己的思想，战胜了恐惧和疑虑。我呼吁你也成为自己的啦啦队队长。

你如果知道潜意识引领着显化，就可以用意识层面的想法影响潜意识层面的信念。在潜意识中植入有

力量的信念，就能提升自我价值感，增强显化能力。

思想还以另一种方式塑造着现实。在引言中我提到过，想法会引起情绪，而不同的情绪有不同的振动频率。这意味着，如果你能掌握自己的思想，就能改变自己的情绪，进而改变自己整体的振动频率，吸引来想要的事物，最终改变现实生活。

因此，你如果有意识地选择采用积极和有力量的想法，引起高能量情绪（如自信、热情和希望），就能借助吸引力法则吸引更多你想要的事物进入生活。相反，你如果允许恐惧和疑虑等消极的、自我批评的内在声音存在，你的自我价值感就会降低，进而引起低能量情绪（如恐惧、羞愧、绝望或担忧），阻碍你显化梦想生活。

人在一个时间点只能产生一个想法。我还记得第一次听到这句话时的情景，当时我很纳闷，为什么这么显而易见的道理我以前都不知道。如果一次只能有一个想法，那么我当然可以选择用积极的想法代替消极的想法，对吧？答案是肯定的。

然而，人无论是在做事还是在思考时一般都受到习惯的影响。研究发现，人平均每天有多达 60 000 个想法，其中大约 80% 是消极的，超过 90% 是重复的。要转换重复、消极和限制性的思维方式，你就要坚持不懈地练习，**不断**

用有力量的想法取代消极想法，滋养自己的心灵。就像养成其他新习惯一样，这需要你付出努力。

每当你发现自己在想“万一没有成功怎么办呢？”时，问问自己：“万一成功了呢？”与其说“我还不够好”，不如说“现在的我就很好”。与其想象最坏的结果，不如想象最好的结果。记住，你有做选择的天赋。所以，选择能推动你前进的，而非使你退缩的想法吧。

不要让消极想法四处游走。掌控你的想法，管理它们，让它们为你所用，而非成为你的拦路石。

除了替换想法，你还可以通过**重构视角**来消除恐惧和疑虑。

无论你经历了什么，你总能选择看待它的视角。你倾向于选择的视角通常是由你的情绪状态、期望、过往经历、信念系统和自我价值感决定的，这就是为什么两个人经历了同样的事情，看待它的方式却截然不同。你是否曾经和朋友一起去一家餐厅，当你们离开时，一个人说这是一个完美的夜晚，另一个人却觉得餐厅太吵、食物一般、服务员不专心？你是否曾在心情不好的时候，阅读同事发来的邮件觉得受到了人身攻击，非常生气，但第二天再读时才发现自己曲解了对方的语气？

你看待事物的视角受到许多外部因素的影响，但你始终有权选择一个最适合自己的视角。事实上，重构视角是我最常用的技巧，我可以用它来克服一天中悄然出现的所有恐惧和疑虑。每当我感到自己开始担心或怀疑什么的时候，我都会暂停一下，看看能否找到一个新的视角。例如，上周我打电话给姐姐，告诉她我很沮丧，因为我写的一篇文章没有发表。自我批评的内心声音试图说服我：因为我的文章写得不够好，所以编辑才决定不将它发表在刊物上。听到这样的内在声音后，我想起自己有机会选择不同的视角来看待这件事，于是我转换思绪，想着我写出这篇文章时我其实很自豪，以及我很感激能被约稿。至于这篇文章为什么没有发表出来，我想出了三种原因，但它们都与我无关：编辑没有看到这封邮件，他们手头上有其他文章需要先发表，或者他们对我的文章另有安排。短短几分钟，我就从消极的视角中走了出来，采取了一个更自由的视角。第二天早上，我的文章发表了。

当你发现自己身处被恐惧和疑虑支配的情境中时，问问自己："我可以选择另一个什么样的视角来看待这件事呢？如何重构我的思维方式？"

例如，你和某人约会，第二天却没有收到他的消息，此时你就可以选择看待这件事的视角。你如果让恐惧和疑虑左右了你，就可能开始质疑自己做错了什么或说错了什么，甚至进一步认定自己遇不到对的人，也可能因为害怕再次被拒绝而错过未来的约会机会。然而，你如果采取一种更有力量的视角看待这件事，就可能这么想：也许对方当下的处境并不适合与人约会，或者你们可能只是不合适。这样你就依然会对遇见灵魂伴侣这件事保持期待。

记住，你能显化的是你相信自己值得拥有的事物。

开始注意自己的想法，摒弃那些充满恐惧和疑虑的想法，采用能提升自我价值感和自信的想法和视角看待你经历的事情吧。

2. 注意你的语言

外部话语和内在声音都会直接进入潜意识。就像思想一样，你使用的语言如果不受控制，就会助长你的恐惧和疑虑。

以下是几种简单的语言使用技巧，能帮助你更有效地显化。

用“当”替代“如果”

人们在谈论自己想显化的事情或想达成的目标时，经常使用“如果”一词，例如“如果我得到那份工作”或

“如果我遇到某个人”。“如果”这个词在你的潜意识听来意味着“你并不确定或相信这件事真的会发生”。**“如果”突出了疑虑，而你无法显化你心存疑虑的事物**。从现在开始，我希望你不要使用“如果”这个词，而用“当”替换它，例如“当我找到新工作时”或“当我遇到我的完美伴侣时”。当你用确定性的语言谈论你的未来时，你的潜意识就会全力帮助你实现那个目标。

谈谈你想要的，而非你不想要的

如果你现在要告诉我一件你非常不希望发生的事情，你就不得不先想象它真的发生时你有什么感受。因此，当你说起你不希望发生的事情时，潜意识仍然会在心理和情感上体验它。这将改变你的振动频率，使之与你想象中不希望发生的事情频率相同，而这就是你吸引来的事物。因此，你讨论不想要的事物越频繁，它们就会越频繁地出现在你面前。

相反，你需要说出你真的想要的事物，例如：与其说“我真的不想再欠债了”，不如说“我想实现财务自由”；与其说“我讨厌单身”，不如说“我很期待在对的时间拥有一段健康、充满爱的关系”。

你要对自己使用的语言有所觉察，避免表达你担心或不希望发生的事情，要将你的注意力放在你真的想做成的事情上，这样你才能将梦想变成现实。

转换语言

有能赋予你力量的语言，就有限制你力量的语言，你选择使用的语言很重要。当你能敏锐觉察自己使用的语言后，你就可以进行一些简单、有效的语言转换，提升显化的能力。例如，每当你发现自己想说“我做不到”或“这太难了”的时候，你可以转而说“我会想办法做到的”。**请记住，潜意识是显化的孕育地，它服从于意识，并会“倾听”你使用的语言。**

我有一位客户，他不太擅于公开演讲。他说，每周一早上团队会议开始时，他的手心都会出汗，一想到要发言，他就身体燥热，手足无措。这影响了他的周末生活，因为他一到周末就会情不自禁地想到下周一的会议。在我们的谈话中，他总是说着“我讨厌公开演讲”“我笨嘴笨舌的”“我在团队会议上的表现太差劲了”之类的话。他用这种限制性的语言喂养自己的恐惧，甚至没有意识到这种说话方式已经成了他的一种习惯。我鼓励他在接下来的一周里，每当察觉自己准备使用这些语言时，就对自己说：“我喜欢与别人分享我的想法。”“我很高兴能成为团队中的一员，他们会倾听我的想法。”或“我是一个非常自信的发言者。”同时，我提醒他，说这些话时他可能感到有点不舒服，但这是正常的，他一定要这么做。在第二次见面时，他告诉我，在周一的团队会议上，虽然他的声音在前几秒有些颤抖，但是他成功地完成了发言，没有像之前那样磕磕绊绊了。我可以看到他在和我分享这个经历时为自己感到非常自豪，我也为他感到骄傲。在下一周，他又进行了一次发言。又过了一周，他亲口告诉我，他非常期待在周一的会议上与团队成员分享一些新的东西。在公开发言这件事上，他通过改变自己使用的语言，克服了恐惧和疑虑，提升了自信。

当你改变了你的语言，你就改变了你接下来的体验。

以下是一些你可以使用的简单的转换语言模板。

低能量 / 低自我价值感		高能量 / 高自我价值感
我做不到。	→	只要全力以赴，我就可以做成任何事。
我无法成功。	→	我会尽我所能，这就足够了。
我不知道怎么做。	→	我可以通过求助知道该怎么做。
我不够好。	→	我有能力做成任何事。
这没用。	→	我走的每一步路都有意义。
我害怕失败。	→	我想尝试。

察觉自己使用的语言，并有意地进行转换，不断为自己的潜意识注入可以滋养思想的信息，能够提升自我价值

感、自信，以及将富足吸引进生活的能力。

接受赞美

许多人从小就认为，自信地谈论自己会使自己显得傲慢、虚荣或自负。因此，许多人开始使用自谦的语言，学会放低自己的姿态，试图让自己更讨人喜欢。想一想在别人赞美你或祝贺你取得成就的时候，你有多少次是用否认或贬低自己的成功来回应的？

这已经成为许多人回应赞美的习惯性方式，然而，这对你的自我价值感的伤害可能超乎你的想象。当朋友对你说“哇，你今天看起来真是光彩照人，容光焕发”，你却回答“呃，不，我看起来糟透了”时，你就向自己的潜意识发送了一条信息：我确实看起来糟透了。

你在否定和拒绝别人的赞美和夸奖时，也在一点点地削弱你的自我价值感。从现在开始，每当你收获赞美，请你以更开放的胸怀和更感激的心态来对待它们。花点时间倾听别人说了什么，然后用一个神奇的词——“谢谢”来回应。

当你敞开心扉接受别人爱的表达或赞美时，你也在转变你的潜意识中关于“自己值得什么”的信念。我很喜欢这种简单、有效的转变。

3. 利用肯定语

肯定语是一个词语、短句子或声音，你可以随时大声说出来或在脑海中重复默念，帮助你自我觉察、释放压力和提升能量。

关于显化的肯定语，我指的是积极、肯定的语言，例如“我是值得的”。

你可以通过念诵肯定语向潜意识发送积极的信息来取代消极的想法。例如，如果你的恐惧和疑虑开始以“你不够好”的声音表达出来，你就可以用“真实的我就是最好的”的肯定语来代替这种声音。

当你将肯定语融入你的日常生活，比如在每天早晨醒来后或每晚睡前重复念诵肯定语，你就可以通过定期往潜意识发送积极的、有力量的信息，对潜意识进行重新编程。

肯定语是我一直以来最喜欢的自我发展工具之一，念诵肯定语已经成了我生活的一部分，也成了我显化之旅不可或缺的一部分。每当我重复地大声说出或在脑海中默念肯定语，我就会立刻感到能量在体内聚拢。不过，我刚开始念诵肯定语时，发现这个工具使用起来有一定的难度。我觉得对自己说“我是有价值的”太傻了，还很尴尬，当时我根本不觉得自己有价值。不过，我还是坚持了下来，因为我知道这会改变更深的层面——潜意识层面中的一些信念，而我需要的就是潜意识层面的显化。每天早上起床我都会重复念诵肯定语，没过几天我就发现肯定语说起来更轻松了，自己也没有那种尴尬和不舒服的感受了。只用了一周，我就能够把注意力集中在我说的话上，并感到自己的能量在随之改变。现在，我会每天早上重复几遍，用最好的状态开始新的一天。另外，我会在任何需要我消耗大量的能量的时候念诵肯定语。

> 试试这么做：在你每天都能看到的地方，例如在手机屏保或浴室镜子上留下或写下一句肯定语。每当你看到它，就对自己重复念诵五遍。我喜欢每周更换一次肯定语，这样我就有足够的时间让各种包含积极信念的肯定语融入我的潜意识。

以下的一些肯定语供你参考。每周选择 1~2 个，每天早晚重复念诵 5 次。你现在就可以慢慢读这些肯定语，多重复几遍，感受自己的能量转变有多快。

○ 我爱今天的自己。

○ 我拥有无限的潜能。

○ 我感激自己拥有的一切。

○ 我热爱自己的生活。

○ 我感到平静、安宁。

○ 我散发着活力和能量。

○ 我拥有无穷的力量，能够显化我的任何愿望。

○ 我正不断将富足吸引进自己的生活。

你可以通过其他方式利用肯定语重塑潜意识层面的信念，其中一种方式就是听**积极、肯定的音频**。用于冥想的积极、肯定的音频通常会循环播放一些肯定语。我推荐每个人都使用这个方法，因为在显化之旅中，听积极、肯定的音频非常有效。

这种方式是如何起作用的？我们的潜意识最容易在进行三个重要的活动时接收到积极信息：入睡、醒来和冥想时。因为在进行这些活动时，我们的脑波频率处于 α 波和 θ 波[①]的频率之间——这是练习视觉化、进行创造性工作和学习的最佳频率。在进行这些特定的活动时听积极、肯定的音频，潜意识能高效地吸收其中积极的信息。你不断这么做，大脑中就会形成新的神经通路，支持更有力量、更能吸引积极事物的思维方式。另外，这么做还有助于消除由恐惧和疑虑驱动的限制性信念。

---

① 根据研究人员在 20 世纪初期和中期的发现，人的脑波可以按照频率大致分为四大类：α 波、β 波、θ 波和 δ 波。α 波主要出现在人醒着但放松的状态中，如闭眼休息或冥想时，与放松、专注和学习能力有关。β 波出现在人清醒和专注的状态中，特别是在进行认知任务和思考时，与思维、决策和解决问题的能力有关。θ 波出现在人放松、进行深度冥想时，以及儿童期，与创造力和潜意识活动相关。δ 波主要出现在深度睡眠阶段，与恢复精力和身体修复能力有关。——译者注

在我刚踏上显化之旅时，我就开始听积极、肯定的音频，让这些语言伴我入睡。三年过去了，我仍然保持着这个习惯。我最初听的是在网上找到的音频（在网上搜索“肯定语音频”，然后选择我最喜欢的音频），现在我听的是自己创作的音频，你可以在我的网站上找到这些音频。在找到了喜欢的音频之后，我建议你坚持听一段时间：大脑如果已经习惯了听特定的音频，那么一旦你按下播放键，大脑就会知道该放松了，你就能更快地沉浸在冥想状态中。

如果你正在努力显化一个目标，那么我建议你听与此相关的肯定语音频。例如，如果你想显化升职，那么你就可以连续两周，每天晚上都听一听以事业为主题的肯定语音频。同样，如果你想显化结识灵魂伴侣，那么你就可以选择以自爱或人际关系为主题的肯定语音频。

4. 进行视觉化练习

你在“步骤一：明确你的愿景”中使用了视觉化这个工具。现在，你可以再次使用这个工具来消除恐惧和疑虑。

你可以尝试进行以下这个简单的视觉化练习。

“消失的球”视觉化练习

闭上眼睛，深呼吸 4 次，注意腹部的起伏。不断

> 重复，直到你的心开始平静下来，身体开始放松。达到放松状态后，用心去“看”自己的恐惧和疑虑。把所有受恐惧和疑虑驱使的想法、感受和情绪在脑海中聚成一个黑色的球，想象你所有的不安全感、担忧和限制性信念都被包裹其中，这个球越变越大。让这个球清晰地呈现在你“眼前”，它代表了所有阻碍你发挥最大潜能的事物。现在，每次吸气时，想象有一束明亮的光穿过你，压倒黑暗；每次呼气时，想象这个包裹着恐惧的黑球越来越小。重复这个动作，直到这个黑球烟消云散。最后轻轻地睁开眼睛。

我喜欢这个视觉化练习，因为我随时随地都可以进行这个练习。无论多么小的疑虑闯入你的脑海，你都可以闭上眼睛，想象自己用呼吸的力量消除它。

这个技巧特别适合那些被自己的内在声音压得喘不过气，或者觉得掌握自己的思想和利用肯定语太难的朋友。我有一位新婚的客户，她一直在努力寻找自己在亲密关系中的“声音”，她觉得对方不够欣赏和重视她，觉得自己没有得到想要的情感支持。尽管她知道自己的需求是什么，但是她自我批判的内在声音大到她无法向伴侣表达自己的需求，这对她的心理健康造成了消极影响。因此，她向我寻求帮助，希望我能帮助她消除一些关于爱情和人际关系的限制性信念，让她在婚姻中更自信。在我们第一次谈话时，我发现她内心的批判者十分霸道。因此，对她来说，用有力量的想法取代限制性信念有些困难，会让她畏缩。因此，我让她在接下来的两周进行“消失的球”视觉化练习。在这 14 天结束时，她已经成功赶走了恐惧和疑虑，储备了足够多的能量，能够开始使用其他的工具，比如转换语言和利用肯定语。六周后，她找到了自己积极的一面，培养出了积极的信念，终于能够用健康的方式向伴侣表达自己的需求了。同时，她感到自身的能量更强，在与伴侣相处时也更自信了。

你还可以通过另一种方式使用视觉化来消除恐惧和疑虑。就像你可以利用你的思想来重塑视角一样，你也可以利用视觉化构建脑海中的情景。你是否经常在脑海中重现最坏的情景？或者想象自己最害怕的事真的发生了？你反复在脑海中演绎这些情景，就是在降低自己的能量，助长担忧、不安全感和疑虑。你可以使用视觉化重新想象脑海中的情景——这一次，想象最好的结果——这有点像给电视换台。例如，假设你想显化考上梦想的大学，而恐惧和疑虑在你的脑海中制造了你无法通过入学考试的场景，那你就换个频道——想象自己通过了考试，收到了你期待已久的好消息，想象那一刻你的感受，并不断在脑海中重复“播放”理想的结果。

视觉化是显化工具箱中的一个固定工具，你可以用它来明确愿景，帮助你消除恐惧和疑虑，想象自己身处最佳情境中，从而提升你的能量。

思维拥有强大的力量，既能形成、也能消除恐惧和疑虑，它是毒药，也是解药。

在我看来，恐惧和疑虑是万恶之源，它们使人的自我价值感降低，使人产生不安全感，还会形成限制性信念，阻碍人将梦想变为现实。正如我在前文提到的，消除恐惧和疑虑是一个持续的过程，你需要不断回到这一步。在显化过程中发现自己受阻时，你要先问问自己，是哪些恐惧和疑虑阻碍了你充分展现能力。值得补充的是，这可能是最具挑战性的一步：它要求你重拾脆弱，回顾所有可能导致阻碍产生的经历和记忆。但是，巨大的努力会带来丰厚的回报，你一旦移除了这些路障，就为通往无限富足的道路扫清了障碍。本节介绍的四种工具只是可以在日常生活中使用的部分工具，我也鼓励你发现其他有助于你提升自我价值感的自我发展工具。

接下来我要讨论的方法也许是应对恐惧和疑虑最有力的方法，它贯穿了显化过程的每一步：自爱。

培养自爱

自爱是显化的驱动力。

在我写本书的时候，我一直在思考应该在哪里谈及自爱。自爱本身并非一个步骤，每当我试图在其他步骤中讨论它，我就会下意识地认为自己没有给予它应得的关注。我觉得“培养自爱”应该是一个独立的章节，因为它远不止是一个步骤，它是之后其他所有步骤的基础。

一旦你开始培养自爱，你的显化能力就会无限增强。自爱会给你赋能，让你走进属于你的光明，收获属于你的伟大，并敞开梦想生活的大门，让富足进入你的生活。自爱就是在告诉你的潜意识：“我值得被爱，我值得成功，我准备好实现我的梦想了。”然后，你就会得到这些。

当你爱自己时，你接纳了真实的自己；当你爱自己时，你超越了恐惧、疑虑、不安全感和限制性信念，解锁了自身最大的潜能。

你能送给自己最好的礼物莫过于无条件的自爱。

没有自爱，你就无法成功显化。如果你每天对自己缺乏敬意，那么创建愿景板和谈论梦想生活就毫无意义。

那么，如何培养自爱，从而最大限度地解锁自己显化的能力呢？

首先，我需要阐明自爱的真正含义：

- 自爱意味着重视自己的幸福和快乐；
- 自爱意味着尊重自己，支持自己；
- 自爱意味着放下评判、后悔，不再进行消极的自我对话；
- 自爱意味着拥抱自己最真实的样子；
- 自爱意味着给予自己善意、耐心和包容心，就像你慷慨给予他人的那样。

培养自爱的方式有无数种：你可以多多练习自我关怀、自我尊重和自我掌控。你可以划定健康的界限，可以放下对自己无价值的事物，可以注意对自己说话的方式。你也可以用能滋养自己的食物、思想和观点来让身心活跃起来。你可以开始对自己不想做的事情说“不”，多做让自己快乐的事情。你可以冥想，可以写日记，可以运动，可以保养皮肤，可以拥有充足的睡眠，可以多喝水。你可以多给自己一些同理心和善意。你可以给自己空间去发现你所有独一无二的地方。你可以怀着善意、鼓励和支持的态度与自己对话。你有无数种培养自爱的方式——说真的，我可以就这个话题写一整本书。

对我来说，培养自爱归根结底就是一件事：觉察每时每刻的选择和决定。

你在任何时候都有机会培养自爱，因为你一直在做选择：选择是否爱自己，选择如何度过时间，选择采用什么样的想法，选择采取什么样的视角，选择周围的人，选择做什么样的决定，选择接受别人什么样的行为，选择如何管理自己，选择做什么样的承诺，选择吃什么，选择为身体提供什么燃料和营养，选择参加什么活动……所有选择都很重要。

这一切都体现了你对自己的责任感、你的幸福感和你的自爱能力。你对自己负责就是在告诉你的潜意识你相信自己是有价值的。记住，你只能显化潜意识层面中你真的认为自己值得拥有的事物。

如何培养自爱？

要培养自爱，你需要先做三件事。

1. 培养自己的觉察力

如果意识不到你拥有的选择，你就很难做出明智的选择。因此，你需要花时间停下来问自己："我可不可以用另一种更自爱、更有同理心的方式来做这件事？"例如，你如果多年来一直困在节食的怪圈中，食用的食物种类少、每天的餐数少或沉迷于某种时尚节食方式，那么请花点时间想一想，这真的是一种富有同理心和自爱的行为吗？你可不可以选择另一种对待身体和食物的方式？比如，你可不可以增加每天的餐数，放下进食时的负罪感，并努力用正念饮食[①]和直觉饮食[②]取代过往的行为模式？如果你每天早上第一件事就是看新闻，而你发现新闻内容总是使你感到沮丧、悲伤或焦虑，那么你可以问问自己："看新闻真的能帮助我以最好的状态开始新的一天吗？我能做出更爱自己的选择吗？我可不可以用听音乐、写日记或做 10 分钟的瑜伽来开启新的一天？"

2. 尊重自己所处的状态

你每天、每时每刻所需要的事物总是在不断变化。有时你一觉醒来，觉得自己准备好拥抱世界了；在另一些日子里，你会感到疲惫、乏味和不堪重负。自爱意味着尊重每时每刻的自己，并根据当下的感受做出决定。

养成与自己交流的习惯，问问自己："今天我在哪里？我的感受如何？我需要什么？"想象自己有一个刻度从 1 到 10 的刻度盘，1 表示能量最低点，10 表示能量最

① 正念饮食：进食时保持正念的状态，全身心地投入整个进食过程，用心体会自己的身体状态、情绪、想法等。这种饮食法能够帮助人理清身心变化。——译者注

② 直觉饮食：凭直觉进食，与食物"和平共处"，充分尊重自己的身体需求。——译者注

高点。你所需要的事物会根据你所处的状态而有所不同，比如：如果你处于刻度为 3 的状态，你需要的可能是休息、吃点富含营养的食物和呼吸新鲜空气；如果你处于刻度为 9 的状态，你需要的就是继续前进，借助这股能量，发挥创造力，提高效率，动起来，让自己离显化的目标更近！

米格尔·路易兹（Miguel Ruiz）[①] 写了一本很棒的书《通往心灵自由之路：驱散人生迷雾的四个约定》，我推荐你看看这本书。书中有一个约定是“**尽力而为**”：你的最佳状态每时每刻都在变化，你健康时和生病时的状态大不相同，但你只要在任何情况下都尽力而为了，你就不会评判和责备自己，或者有所悔恨。

自爱意味着全然接纳自己，承认自己每天、每时每刻的感受都在变化，并满足自己不同状态时的需求。

3. 尊重自己的梦想

你的生活其实就是你过往所有选择塑造的结果。当你爱自己时，你不仅要尊重自己当下的需求，也要尊重自己

① 米格尔·路易兹：墨西哥作家，以其关于个人成长的著作闻名，代表作有《通往心灵自由之路：驱散人生迷雾的四个约定》（*The Four Agreements: A Practical Guide to Personal Freedom*）等。该书提出了四项基本原则——好好说话、不将事情个人化、不做假设和尽力而为，旨在引导人们摆脱限制性信念，追求自由、和谐和幸福的生活。——译者注

的梦想。很多时候，人们会做出冲动的决定，这些决定满足了人们当下的需求，却对未来的自己产生了消极影响。所有进行过自我破坏的人都会明白我的意思。**自爱意味着你能够掌控自身，能够超越当下追求即时满足的冲动，转而做出有利于未来自己的选择**。举例来说，如果明天是某个任务的最后期限，而你今天选择出去玩或通过看视频来拖延做任务的时间，那么你就是在破坏未来的自己所需要获得的结果。然而，如果你选择自律，专注于在最后期限前完成任务，那么你就做出了一个尊重未来的自己，让未来的自己觉得值得的决定——这就是自爱。

终极的自爱是平衡好当下的需求和未来的需求。

自爱体现在你的每个决定中。每一天你都要尽己所能地尊重自己，对自己展现同理心和爱，你值得这些。坚持这么做，直到自爱成为你的生活习惯。不断练习，让你的人生之杯盛满自爱，让溢出的爱影响到你周围的每件事和每个人。

宽恕和不作评判

谈到自爱，我就必须谈到宽恕和不做评判。你曾多少次因自己犯了错或做了不光彩的举动而自责数天、数周，甚至数年？你长期对某事心怀羞愧、内疚、愤怒和怨恨，就是把自己困在了过去。紧紧抓住过去的负面经历不放会让你当下和未来的能量很低，从而阻碍你显化想要的一切。

我的一位客户在2020年初告诉我："我想显化这一切：一份新工作、一套新公寓、由衷的自信和灵魂伴侣。"不到六个月，除了灵魂伴侣，其他的事物都实现了。于是我开始进一步了解她的感情经历。她向我坦白自己有两段感情经历，前两个伴侣都对她不忠，虽然她大部分时间都"封锁了这段经历"，但是在内心深处，她仍在为"允许"这种事情发生而自责，她不断质疑自己，怀疑伴侣出轨是因为自己有问题。她还说，作为一名事业成功的女性，没发现明显的出轨迹象让她觉得难堪。

她试图封锁这些经历，不允许自己处理关于这些经历的所有感受，也不允许自己用不自责的方式谈论这些经历。请记住，心理创伤、消极情绪都是能量，如果你没有花时间关注它们，它们没有得到所需的转移、释放和治愈，它们就会住在你的身体里。这意味着，你试图封锁的经历无处可去，只能留在你体内，降低你的振动频率，把你困在过去。

这位女士的经历还以另一种方式影响着她：因为自

责，她的潜意识层面产生了一种恐惧，害怕历史重演。后来我们一起创造了一个安全的空间来处理这些经历，帮助她消除自我批判和自责，并选择一个新的视角看待这些经历，共情自己和不评判自己，她才能消除潜意识层面对开启新恋情的深层恐惧。我还鼓励她用我最喜欢的一句肯定语——“我的过去无法决定我的未来”——提醒自己，她有能力重塑自己的未来。在做内在功课的过程中，她为灵魂伴侣进入她的生活创造了空间。我最近收到了她的一封电子邮件，标题行写着：“我遇到了真命天子！”

要清扫通往光明未来的道路，你就要放下过去那些使你感到羞愧、内疚或愤怒的低能量情绪，宽恕自己，不评判自己。要做到这一点，你需要看清以下三个真相。

- 我当时已经尽力而为了。
- 任何经历都是人生中宝贵的一课。
- 我已经不再是当时的我：我在不断成长、发展。

✏ 练习：放下过去，培养自爱

想一想你现在的执念，以及对自己的评判。写下使你感到羞愧、内疚或愤怒的一段经历。

给过去的自己写一封信。给予自己同理心和善意，反思自己的行为是否出于痛苦或不安全感。你可以这么写："我原谅你，你已经尽力了，我知道你当时很受伤，这没什么的，我爱你。"

现在，请写下你从这段经历中学到的经验和你认为的这段经历的价值。

对任何你耿耿于怀的事情重复这一练习。

注意： 每次我在工作坊中与别人一起做这个练习

时，我们都会释放情绪，还常常流下眼泪。如果你在做这个练习时发现自己哭了或感到心情复杂，请允许自己这样，让自己在做这个练习时感到自在。

事实上，复盘、反思过去的错误和经历是一种极致的自爱，这会让人成长。请再读一遍这句话。

自爱是显化的驱动力。因此，你需要通过不断的练习和坚持来培养自爱。你所选择的行为、回应和思考方式都要能够培养自我价值感、最大限度地推动自我发展。你要做到每一天，对你做的每一件事不做评判，给予自己同理心、包容心和善意。**自爱的行为无大小之分，喝一杯水和离开一段有毒的人际关系都是自爱，你当下所做的每一件事都决定了你是谁，你会成为谁。**

注意：我明白，“培养自爱”这个想法可能让一些人望而生畏，尤其是对受到低自我价值感和低自尊限制的人来说。你可能在想：“自爱听起来很容易，但我怎么才能突然开始爱自己呢？”我理解你的疑惑。以前我一直都困于自我厌恶，从未想过自己可以坦诚地说：“我爱我自己。”当人们谈及“自爱”时，我会翻白眼，认为那只是一个虚无缥缈的概念，永远遥不可及。但

> 随着时间的推移，随着我的行动和付出，我真的做到了，你同样也可以。
>
> 消除数年或数十年积累起来的不安全感、限制性信念和自卑感，不是一朝一夕就能做到的。但你现在就可以做出更爱自己的决定。决定开始爱自己就是成功的一半，在接下来每一天、每一刻，在生活的点点滴滴中培养更多的自爱吧，因为你值得。你做得越多就越得心应手，爱自己这件事就会变得越容易。

在培养自爱的同时，你也可以继续完成显化的其他步骤。

STEP

THREE

步骤三

调整你的行为

调整行为意味着用行动告诉你的潜意识你相信自己值得拥有梦想生活。你的行为模式就是你自我价值感的直接呈现。

调整行为意味着你在显化之旅中是积极主动的，意味着**“成为”你想吸引的能量**，意味着走出你的舒适区，还意味着展现最真实的自我，而最真实的自我是最有力量的。

这一步是吸引力法则与显化之间的真正区别。吸引力法则认为，你关注什么就会吸引来什么，这意味着整个过程是被动的。但是，**显化并非被动的**：你不能只明确自己的愿景，然后等待它发生。

> 要获取所需的力量，改变自身能量，吸引到应得的富足，你就要开始以最有力量的自己行事，而非以被恐惧和疑虑限制的自己行事。

在显化之旅中主动领航

想要实现显化，你需要明确自己的愿景，相信自

己值得，然后积极主动地行动，让渴求之事发生。

例如，假设你想显化为自己和家人购买一栋房子，那么你就需要对这栋房子有一个清晰的愿景，并消除关于它的所有恐惧或疑虑，相信自己值得拥有它，然后积极主动地寻找，比如查看房产网站、与房产中介交谈或亲自去乡下看看是否有房子出售。同样，如果你想显化通过一门考试，你就需要明确自己的愿景，积极主动地投入时间和精力去学习和复习。无论想显化什么，你都需要付出行动。人们对显化最大的误解之一就是仅想象想要的事物，然后期待不付出任何努力，它就能出现在面前。我可以肯定地告诉你，为了显化自己职业生涯的里程碑，我一直在努力工作、认真做决策、保持自律和自我激励。

积极主动需要无所畏惧。勇敢地向你的潜意识表态吧："我值得，并且我已经做好准备了。"

想一想，你有多少次因为被失败的恐惧笼罩而刻意回避了积极行动？上个月，我接待了一位新客户，她告诉我她想组建一个晚餐俱乐部，想从我这里获得一些推进这个想法的勇气。我和她聊了一会儿，知道她有这个想法已经将近两年了，在这段时间里，她已经做好了充分准备，但因为担心"没有人参与"，她无法继续推进。这并非什么非比寻常的故事，几乎每天我都会听到朋友、家人或同事告诉我，他们有一个绝妙的想法，却从未付诸实施，因为他们不相信自己足够优秀、有价值或有能力将这个想法落实。那么你呢？你有多少次因为害怕自己无法成功而放跑了灵感？有多少次因为害怕被拒绝而不敢主动联系别人？有多少次因为觉得梦想遥不可及而放弃了它？

拖延和忧虑往往出于对失败的恐惧：人们放弃行动往往是因为，相比行动后失败，直接不行动要容易得多。这种对失败的恐惧影响着人们，使人们很容易找一大堆借口解释为什么自己做不了某事：没有时间、资源或精力。找借口和不行动会给潜意识发送什么信号呢？它们在说："我还没有准备好，我不相信我值得。"正如我在"步骤二：消除恐惧和疑虑"提到的，恐惧会阻碍你吸引你渴望的事物。

主动作为能够让你克服对失败的恐惧。

假设你想显化成功创建一家新公司，让我向你展示以下两种行为模式的差别。

受恐惧和疑虑限制的行为模式

你害怕被拒绝，因此不敢接触新客户；你害怕被评判，因此不敢在网上发帖；你的疑虑阻碍你在事业上充分投入，你还会因为害怕失败，不敢承担风险，错失潜在的机会。

这种行为模式让你困在舒适区，让你无法发挥潜力，带领公司发展和扩张。

超越恐惧和疑虑的行为模式

你接触潜在的新客户，在每个平台上宣传自己，向专家请教，积极主动地寻找合作对象，不放过潜在的机会，运用创新的营销方式，投入时间、精力和金钱，你做这一切都是为了显化你想要的成功。

很明显，你的行为模式会影响显化创建新公司的能力。在显化梦想途中，采用第 2 种行为模式的人会积极主动地实现自己的目标，比采用受恐惧和疑虑限制的行为模式的人更有成效。

再举一个主动作为的例子。如果你想显化一段充满爱的关系，你不能仅仅在愿景板上写下理想伴侣的所有具体品质，然后期待那个人出现。要让他出现在你的生活中，你就要相应地调整自己的行为。这意味着**你要先用你想吸引来的尊重和爱对待自己**（也就是培养自爱）。接下来，你要变得更开放，积极主动地创造遇见他的机会，无论是使用交友软件，接受朋友的撮合，还是参加更多的聚会。

你要想在生活中显化某些事物，就必须采取行动，积极主动地调整自己的行为。这是在告诉你的潜意识:“我准备好了,我无所畏惧,我值得。”

读到这里,你可能觉得在“步骤二:消除恐惧和疑虑”中感受到的恐惧和疑虑仍然非常真实。你可能想问:“我如果还没有完成步骤二,怎么做才能调整行为?”或“我如果仍然害怕自己会失败,怎么做才能变得积极主动?”答案是,同时进行所有步骤。消除恐惧和疑虑是一个持续的过程,是需要与调整行为同时做的事情。你还记得自己曾经说做不到,但还是去尝试的时候吗?你还记得成功后你为自己感到多么骄傲吗?这种自豪感是否激励过你继续向前迈步呢?

我在我的儿子沃尔夫身上看到了这一点。上周上体操课时,他想走平衡木,但是他认为自己一个人做不到,一路上都要我扶着他。但当我轻轻松开手,鼓励他自己走,而他成功地走了一次平衡木后,我看到他的面容一下子明亮了起来,他为自己感到骄傲。下一次走平衡木时,他看着我,好像在说:“妈妈别担心,我能行。”这就是超越恐惧和疑虑的行为模式的力量:尽管感到害怕,但你还是通过行动提升了自信和自我价值感,这反过来又增强了显化能力,帮助你继续行动,不断向前走。这是一个积极的循环。事实上,你只需要带着恐惧行动。

你知道“假装成功,直到你真的成功”这句话吗?我最近听到了一个更棒的版本，我认为它更有道理，且与步骤三非常契合：

> **假装你是你想成为的那个人，直到你真的成为他。**

有时候，你只需要相信自己，迈出勇敢尝试的那一步，相信只要按照自己想成为的人那样行事，你就离成为那样的人更近一步了。我在“步骤一：明确你的愿景”中说过，在显化之旅中，你要回答的最重要的问题之一就是：“我想成为什么样的人？”当你很清楚自己想成为什么样的人，清楚最有力量的自己是什么样子，你就可以开始像那样行事。

举个例子，我有一个朋友，多年来他一直想成为一名人生教练，帮助别人自我疗愈。他已经完成了一门教练课程，并且大部分空闲时间都在帮助身边的人。然而，他很害怕把人生教练变成自己的职业，因为他认为自己的经验和对这份职业的理解不足以换取报酬，所以他刻意不让别人知道他是一名执业的人生教练，也从不冒失败的风险。在我花了一些时间和他一起解决这个问题，并向他介绍了显化之后，他决定开始“假装自己是想成为的那个人，直到真的成为他”。我对他说：“如果你已经成了一名成功的人生教练，你会如何规划自己的时间？你会如何推销自己，你会采取什么行动？”他列了一份清单。然后我告诉他那就行动吧。没过几天，他就在社交媒体上以人生教练的身份创建了自己的社交账号，与业内其他人士建立了联系，开始制作和发布自我发展内容，推广自己的一对一课程，并对各种机会保持开放态度。在一年的时间里，他在健康行业逐渐有了自己的影响力，有了忠实的粉丝群体，每周都有客户找上门。他还为男性粉丝举办了一次免费的网络研讨会，为此组建了一个由八位有影响力的男性心理健康专家组成的小组。他即使内心有疑虑，也仍然像自己想成为的人那样行动，最终，他的努力有了回报。

有时，你只需要假装自己已经成了想成为的那个人，直到真的成为他。

> **注意：**对患有“冒名顶替综合征”[①]的人来说，“假装你是你想成为的那个人，直到你真的成为他”是一句值得反复品味的话。当你开启一段新的职业生涯之旅，或投身于未知的情形时，你可能产生自我怀疑，认为自己不够格、不够熟练或不够博学，无法胜任正

① 冒名顶替综合征：一种心理现象，即个体怀疑自己的能力和成就，并担心别人发现他“假扮成功者”，但事实上他的能力足够强。——译者注

> 在做的事。这很正常，而且应该没有多少人没有过这种感受！提醒自己，从现在开始调整自己的行为，就是在大步走向那个最有力量的自己。时间会让你接受并相信：你值得拥有这个职位，你已经很好了，你值得富足。

以下是一个练习。在显化过程中，你如果积极主动地采取行动，就会发现一些能帮助你调整行为的方法。

✏ 练习：像未来的你那样行动

现在，花一点时间想象一下未来的自己。我希望你能沉浸在这个练习中，让你的想象有更多的细节。想象你显化能力最强的时候的样子，你能将想要的事物全部吸引进你的生活。

尽可能觉得想象的情景是真实的，你已经成了最好的自己。

现在，问自己以下两个问题。

- 我会如何表现？
- 我要怎么做才能以一种自爱、有力量、磁场强大的方式生活？

列出未来最强大的自己会做的五件事。

1. --

----

2. --

----

3. --

----

4. --

----

5. --

这些就是我希望你现在开始在生活中做的事情，它们能让你离未来的自己更近一些。

每当想到自己想成为的那个人时，你就想一想自己的行为如何从此刻开始与那个人保持一致。用行动向你的潜意识证明，你准备好显化他/她了，因为他/她已经住在你的身体里了。

习惯那些你不习惯的事

让自己的行为与要显化的未来的自己保持一致，不会让你感到很轻松，当然，这也不会让你感到很舒适——知道这一点很重要。事实上，调整行为会让你进入“不舒适区”。接下来，让我来解释一下原因。

人们会下意识地在熟悉的事物中寻求舒适感，因为它让人们感到安全，即使这些事物并不一定对人们有益。以新的方式行事时，人们会遇到不熟悉的事物，这种陌生感会使人们感到不舒适，没有安全感。这种不舒适的感受会使人们下意识地拼命把自己拉回习惯的方式中，从而让自己再次感到安全。这就是为什么人们会进行自我破坏。

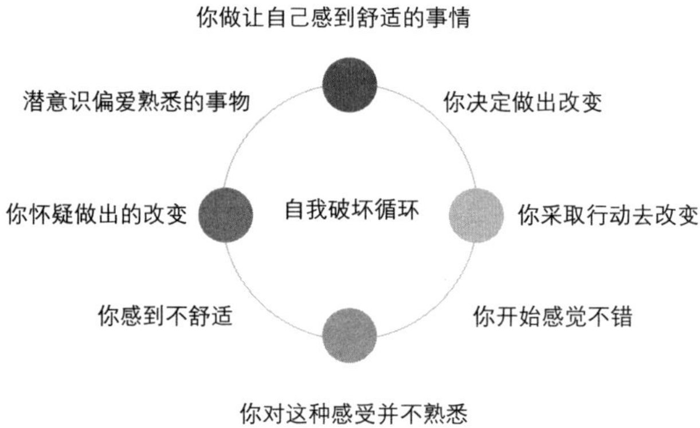

例如，假设你是一个总是退居次位或躲避站在聚光灯下的人，你在你的人生故事中基本扮演的是一个配角。这样生活多年，你会下意识地觉得躲在别人的阴影下最舒服。因此，当你决定做出改变并宣告“现在是时候走进我的光明，向世界展示我创造的价值，成为我自己故事的主角”时，你会下意识地感到惊慌失措，并试图进行自我破坏，从而将自己拉回舒适区。这可能破坏你发声、被人看到或听到的机会，可能诱导你与那些“窃取”你能量或压制你能量的人为伍。

我有一个朋友，她是一名新手妈妈，想在认识新朋友时变得更自信，于是她报名参加了一个育儿交流小组，每周都和其他新手妈妈见面和交流。这确实帮她提升了自信，她的内在似乎发生了改变。但几个月后，我发现她数周没有参加小组活动了，每次她要去的时候，都会发生一些“意外”，比如临时有事、突然觉得太累了或发现自己当天出乎意料地忙碌。我告诉她这些“意外”都是潜意识层面的自我破坏作祟，只有她意识到了这一点，她才能开始摆脱这个自我破坏循环。

再举一个例子，你的目标可能是心态良好、精力充沛、身体健康。你的愿景很明确：自己一觉醒来精力充沛、活力四射，状态很不错，可以和孩子们在户外玩上好几个小时。要实现这个目标，你要先积极主动地改变自己的行为。例如，不再找借口不做运动，不再过量食用毫无营养的食物，坚持进行规律的运动，选择更有营养的食物。换句话说，你必须积极主动地采取行动。坚持一段时间，你看待事物的方式和感受都会有所不同，你会更自信。这时，你的潜意识会感到不适。潜意识并不在乎你的心态是否良好，它只在乎你是否感到发生了改变，它认为与以往不同的感受对你来说并不安全。因此，潜意识会鼓励你进行自我破坏，说服你暴饮暴食、不去运动或放弃你的目标。这听起来是否似曾相识？

我曾经发现自己总是陷入自我破坏的怪圈。我习惯待在悲伤、孤独和自我厌恶的感受中，以至于每次承诺做出改变并开始感到好起来后，我都会用垃圾食品、酒精、香烟和有毒的人际关系进行自我破坏。只有意识到潜意识想做什么时，我才能克服自我破坏的冲动，转而专注于我想达到的目标。这样我才能熬过那些不适，培养出一种新的熟悉感——这就形成了真正的、持久的改变。

每当你进入转型期，你就可以调整自己的行为，让行为与自己想要的事物保持一致。你肯定会有一段时间感到不舒适，但还是要努力接受并度过这些日子。你必须抵制自我破坏的冲动，**必须习惯在这个新的、充满力量的区域生活，直到感到舒适、自在**。在不受恐惧和疑虑限制后，你就能解锁你想要的富足。

走出舒适区

一旦了解了自我破坏循环，你就能够接受一定程度的不舒适感，能够以最强大的方式调整自己的行为，能够不断走出舒适区。

要显化改变，就要先创造改变。你需要做一些与以往不同的事情，向自身的恐惧和疑虑发起挑战，你需要像未来的自己那样行动，你需要向潜意识展示你准备得有多充分，你有多渴望成为更强大的自己。

在显化任何事物的旅程中，走出舒适区都是必经之路。每次走出舒适区，你都会为自己吸引来富足，因为奇迹发生在舒适区之外。

人们经常对我说："我想辞职/创业，我应该这么做吗？"我总是这么回答："当然，去做吧。"当你意识到自己有足够的力量去创造精彩、刺激和丰富的生活时，你自然会开始思考如何跳出舒适区。你在显化之旅中总会不知不觉地涌现出灵感、创意和其他的想法。一个想法可能在你冥想、即将入睡、外出散步或与朋友聊天时突然跳入你的脑海。我喜欢把这样的想法看作小礼物，它来找你是有原因的：它向你提供了走出舒适区的机会，让你借此创造你需要的改变，从而实现你的目标，你也能利用这个机会告诉你的潜意识自己并未被恐惧和疑虑束缚。当这样的想法出现时，不要忽视它们。相反，**你可以抓住它们，做出自爱的决定，采取行动，走出舒适区。**

以下几种方法可以帮助你走出舒适区，解锁你的显化能力。

1. 明确原因

在走出舒适区之前，你要先弄清楚自己为什么要这么做。“为什么”是克服不舒适感的动力，“为什么”能让你专注于你的愿景，并在你在面对挑战和困难时充满动力。

> **常见问题**
>
> 问：如何找到我的“为什么”？
>
> 答：每当你想到自己想显化的目标时，问问自己：“实现这个目标会对我的能量、情感、身体、心理产生什么影响？它将如何影响我的日常生活，以及我内心的平静、满足、自爱和快乐？”

例如，假设你的朋友告诉你她所在的公司有一个空缺的职位，她觉得这个职位非常适合你，于是你立刻去应聘了。然而，你在应聘过程中发现你必须拍摄一个对着镜头讲话的视频——如果你有镜头恐惧症，这就要求你在走出舒适区时忍受一些不适。因此，你真的需要明确自己走出舒适区的原因，这样你才能有动力克服不适。原因可以是“这份工作能让我在自己真正热爱的领域发光发热，早上上班时我会感到很兴奋；做我真正喜欢的事情会让我心境平和，这会给我的生活带来更多的快乐，提高生活质量”。找到自己的“为什么”，你就能获得面对镜头所需要的动力和勇气，因为你能清楚地看到更远处的风景和最终目标，尽管你依旧会感到有些不适或害怕。

2. 不找借口

找借口是一种自我破坏的形式，它试图给你一个“出路”。借口有很多种，最常见的是“我太忙了”“我太累了”“这太难了”“我还没准备好”“我改天再做”“我没有资源”“上次我试过了，没有用”“我无法做到完美”“我不够好”。

你必须揭露借口的真面目：它们是恐惧和疑虑的表现。当你下意识地觉得自己还没有准备好时，借口就会出现，阻碍你前进和发挥自己的能力。消除借口的方法就是全方位质疑它，从而卸掉借口的力量。

下一次对自己说“我太忙了”的时候，问问自己：“我为什么要对自己这么说？我在害怕什么？如果我无视这个借口会怎样？”

3. 面对挑战，永不放弃

走出舒适区后，你会发现一切都是新的，这意味着你会不可避免地遇到一些需要克服的障碍。

成功人士最明显的共同特点之一，就是面对挑战时具有永不放弃的决心和力量。

我相信每个人都记得自己曾经一遇到障碍就屈服和放弃。人们为什么会这样？因为困难会引起不安全感，考验自我价值感。人们遇到困难时会质疑自己的能力，如果计划失败了，人们就会认为自己“运气不好”。人们允许困难强化潜意识层面的限制性信念，认为自己不配拥有自己最渴望的事物。接下来，人们会怎么做呢？——逃跑。人们生来就倾向于逃避使自己感到“糟糕”的事物。但是，你如果想成功显化那些自己渴望的事物，就必须对抗逃跑的冲动，转而想办法继续向前。

我一直很喜欢阅读、观看和聆听成功人士的故事，从首席执行官到世界著名音乐家的都有所涉猎。我觉得最鼓舞人心的是，他们在人生旅途中面对挑战，进退两难的时候，总会设法处理可能阻碍自己实现梦想的潜在因素。他们让我看到，无论是成功之旅，还是显化渴求事物之旅，都不总是一帆风顺的。你必须尊重自己，采取行动，并坚持下去，即便在想缴械投降的时候。我知道，如果每次都逃避挑战或放弃机会，我就永远无法在生活中显化自己现在拥有的一切。我所经历的并非“想象想要的事物，采取行动后立即看到它们出现在面前”。我也要面对拒绝和困难。然而，我从未允许它们阻止我前进，从未允许它们带我偏离正轨或分散我对目标的注意力，我从未向拒绝和困难认输。有些事情进行得不顺利时，我会尝试另一种方法。

挑战是生活中绕不开的一个部分，与其将它视为限制，我更希望你将其视为礼物和机遇。挑战让你有机会展现自我、储备力量、积累知识、磨砺韧性，可以将你推向新的生活，赋予你新的视角。现在就做出有利于自己的选择吧——迎接挑战，让挑战引领你前行，而非成为你显化之旅的阻碍，这会给你的潜意识发送以下信息："我比我所面临的挑战更强大。"

4. "5 秒法则"

我最喜欢的演讲者之一梅尔·罗宾斯（Mel Robbins）提到过一个很好的方法，她将其称为"5 秒法则"。每当你有机会走出舒适区，但感到恐惧时，你就可以使用这个方法。梅尔说："当你产生走出舒适区的直觉又感到犹豫不决时，就是你使用 5 秒法则的时候。"你有 5 秒的时间，从 5 倒数到 1，在数到 0 之前行动。她说："你如果有为某个目标采取行动的冲动，就必须在 5 秒内行动起来，否则你的大脑就会扼杀这种冲动。"

我在第一次举办个人研讨会时就使用了这一技巧。那次是我第一次登台主持，我紧张得不行。在舞台的幕布后面，麦克风已经打开了，我能听到大家都安静了下来，准备听我说话。这时冒名顶替综合征突袭了我：“我到底在做什么，主持一个自爱研讨会？我不是公众演说家，我没有足够的经验，我会让观众失望的。”这真是个愚蠢的想法。我内心的批判者试图麻痹我，让我无法走上舞台。我在内心倒数：“5……4……3……”然后，我仿佛听到“砰”的一声——我动了，一只脚移到另一只脚前面，我对着面前所有的脸庞微笑，然后开始说话。不到10分钟，我就确定了一件事：我命中注定属于这里。当我向面前这些出色的男士和女士们讲述自爱的力量和重要性时，我突然产生了一种归属感。举办了无数次研讨会之后，现在的我在登上任何舞台之前都会使用这一技巧。

我想再重复一次：奇迹发生在舒适区之外。

养成健康的习惯

读到这里，我希望你清楚你的自我价值感与显化能力密不可分，而你的行为模式则会向潜意识展示你自我价值感的高低。

你可以通过调整自己的行为提升自我价值感和增强显

化能力，方法之一就是在日常生活中有意识地进行高能量活动。你可以把培养自爱的活动转化为健康的日常习惯。

一些我喜欢的培养自爱的活动

- 写日记
- 念诵肯定语
- 肯定自己
- 练习冥想
- 每日散步
- 日常护肤
- 好好泡澡
- 自我护理
- 练习呼吸
- 做运动
- 练瑜伽
- 感恩

养成健康的习惯是调整行为的有效方法，这会让你更轻松地实现显化。对我来说，健康的习惯是所有自我发展之旅的基础。习惯是你生活的基础，当你改变习惯时，你就在改变生活。**真正的、持久的改变其实是在日复一日的微小改变中产生的**。因此，若想利用习惯推动显化进程，你就必须养成与未来的自己相称的习惯。

健康的习惯帮助你具象化你想成为的人；换句话说，它会帮助你成为与想吸引之物相同频率的人。

例如，你如果想显化成为一名成功的商界领袖，那么现在就可以开始培养商界领袖可能有的习惯，比如早起、制订每日计划、每天练习冥想来管理压力，或者安排专门的学习时间。从现在开始培养这些习惯，你的行为就会开始与你想成为的人保持一致。你的习惯会帮助你提高自己的振动频率，使之与未来的你的能量匹配。

你的习惯和行为会改变你的生活。

让我们来看看，一个没有进行晨间练习的人与一个进行晨间练习的人迎接新一天的过程有什么不同。

没有进行晨间练习的人

你被闹钟吵醒，打开手机，立即开始浏览社交媒体。10 分钟后，你起床，打开新闻，迅速冲个澡，然后匆匆吃完早餐就去上班了。

进行晨间练习的人

你早早起床，让自己有时间享受晨间练习。你翻身醒来，在下床前听 10 分钟积极、肯定的音频。接着你开始享受早晨的咖啡，运动 20 分钟，一边听着最喜欢的音乐一边沐浴更衣。然后坐下来吃一顿营养、美味的早餐，最后出发去上班。

进行晨间练习的人并没有做什么特别的事情，只是在日常生活中抽出时间进行了三四种简单的培养自爱的活动。然而，你能想象他一天的其余时间与没有进行晨间练习的人相比有多大的不同吗？你能想象后者的一周、一个月或一年与前者相比又有多大的不同吗？

励志作家约翰·C. 麦克斯维尔（John C. Maxwell）① 说：**“你要真正地改变生活，就要改变每天所做之事。成功的秘诀就藏在日常生活中。”**

✏ 练习：在日常生活中养成健康的习惯

在下面的横线上，写下 3 种你将在生活中培养的日常习惯。

向自己承诺，连续 66 天都这么做（据说养成一个习惯需要 66 天）。

例如：

1. 我每天早上 7 点起床。

① 约翰·C. 麦克斯维尔：美国作家、演讲家和领导力专家，代表作《领导力 21 法则》（*The 21 Irrefutable Laws of Leadership*）。——译者注

2. 每天晚上睡前写日记，而非看手机。

3. 我每天早上都会运动，无论是散步、伸展运动，还是进行高强度间歇训练。

1. ______________________________

____

2. ______________________________

____

3. ______________________________

____

在可以一直坚持这些习惯之后，再继续按照这样的方式养成更多健康的习惯（不必要求自己一次养成太多）。健康的习惯越多，你就有越多的机会培养自爱，并增强自己的显化能力。

做真实的自己

> 我不知道做真实的自己可以让我如此富足。如果我知道，我会更早地这么做。
>
> ——奥普拉 · 温弗瑞

除了将健康的习惯融入日常生活、积极主动地实现目标、按照你真正想成为的人那样行事、走出舒适区，调整行为还需要你“真实地生活”，这要求你的行为、想法与你真正想成为的人保持一致。

真实是成功显化心中所想的关键要素，因为当你真实地生活和表达自己时，你的磁场就会处于最强的状态。想想你认识的那些磁场最强的人，那些走进房间就能点亮整个房间的人，那些似乎总是能吸引别人的人，他们往往是一直真实地做自己的人。他们为自己本身的样子感到骄傲，对自己的状态很满意，从不害怕表现得与众不同或引人注目。

我一次又一次地发现，当人决定不再伪装自己，拥抱最真实的自己时，他的生命力才能喷涌而出。我收到过无数封参与过我工作坊的男士和女士的感谢信，他们从工作坊得到启发，放弃了并非基于真实愿望而进行的工作、接触的人和产生的想法。他们不约而同地说，放弃了这些之后，他们就有了自己的空间，就能够做自己由衷想做的事了，例如做一份自己真正热爱的工作、终于说出了对自己来说重要的事情，或者只和与自己志同道合的人在一起。无一例外，只要开始做这些事情，他们的生命就会变得欣欣向荣。**当你毫无保留地做自己时，你的磁场就会非常强。**

那么，你怎么做才能感知到最真实的自己呢？首先，你必须学会放下“我应该成为什么样的人”的想法，放下别人对你的期望，放下过去的自己。只有这样，你才能感知到现在真实的自己。

从幼年开始，你就通过周围的人摸索应该如何做人，如何才能被爱。你会记住你做哪些事时受人喜爱，并且会多做这些事情。长大后，你沿用这种模式：根据别人的反馈塑造自己。你被教导去寻求外界的肯定，并将自我价值感建立在别人的意见和评判之上。在这个过程中，你有了“取悦别人”的倾向，而这正是真实自我的敌人。

要踏上发现真实自我的旅程，你要先有所觉察——每当你行动时，你得意识到你需要做出选择：“我的行为是为了取悦别人，还是为了尊重自己？”如果你选择前者，你的行为自然会与自己的目标、梦想或愿景相悖。

> **能量是有指向性的：你的能量不可能在指向外部认可的同时，又指向你想成为的人，或者你想显化的事物。**

我经常与我的伴侣韦德谈论关于“真实”的话题，因为他热衷于帮助别人发现真实的自己，以及表达最真实的声音。韦德用花园来比喻这个过程。他会像下面这样说。

“把你自己想象成一个花园。你内心深处的自爱、自我价值感和真实感是滋生万物的土壤。你的自身条件和迄今为止的生活经历让你的花园里长满了不同的植物，但并非所有的植物都是你种的。有些是阻碍你繁荣的杂草，有些植物与真实的你不相符，还有些是你根本不喜欢的植物。要表达最真实的自我，就要先识别花园里的杂草和你不想要的植物，并温柔地将它们连根拔起，不让它们占用你花园中的土壤。当你觉得自己清除了花园里杂草和你不想要的植物，清除了所有限制性信念和那些对你无益的想法，你就可以开始栽种你喜欢的植物了。你可以栽种、悉心照料那些能为你赋能的植物，也可以栽种能展现真实的你和让你成为梦想中的人的植物。你可以随心打造自己的花园，重塑它的每个部分，并用温柔、同理心、爱和尊重来照料它。最终，你会成为你自己亲手塑造的人，一个强大的、美好的、你由衷选择成为的人，这样的你不会再活在别人的眼光里。”

发现和表达最真实的自己需要一步步来，但每一步都是值得的。与真实的自己和真正的愿望的联系越紧密，你的磁场就越强，你的显化能力也会越强。每次行动前，问问自己：“这是否与我的想法、我的信念和我想成为的人一致？”

调整行为就是在实践显化。你每天做的事、你的表现、你的行为，以及你对待自己的方式，这些都很重要。

调整行为要求你积极主动，采取行动，具象化你想成为的人，超越限制性信念和恐惧，走出舒适区，真实地生活，通过日常活动培养自爱，形成健康的生活习惯，创造属于你自己的幸福。

STEP

FOUR

步骤四

让考验引领你前行

在显化之旅中，你会遇到考验，而你必须通过这些考验，才能走得更远。这些考验能测试你的自我价值感，以及你的内心是否坚定。考验有多种形式，可能是障碍、人或挑战，也可能是诱导你安于现状——而你值得成为更好的人。

步骤四是“步骤三：调整你的行为”的延伸。在经受考验的过程中，你会让自己的行为与高自我价值感保持一致，并感受到显化能力的增强。

要解释显化之旅的考验是什么样的，最简单的方法就是举几个例子。

假设你想显化一个完美伴侣。在你遇到“真命天子”之前，你很可能遇到考验。

考验可能以“前任”的形式出现。前任的再次出现往往是一种基于熟悉感的“致命诱惑”。它为你提供了一个让你感到轻松、重新回到舒适区的机会，尽管复合并非正确的选择。你面对的选择是：是在你已经知道行不通的事情上投入时间和精力，还是坚定地守护你的未来，全身心地离开你的过去，紧紧关上通往过去的大门？

以“前任”形式出现的考验非常常见，我经常告诉人们：“如果以前的伴侣突然再次出现在你的生活中，就要将此视为你要通过的考验。”对自己说“我正式关闭了通往过去的大门”是一种无比畅快和强大的力量。但要真正做到这一点，你就必须彻底放下过去的感情。很多人告诉我，他们并不想和前任复合，但他们仍然在和对方互发信息或“偶尔”和前任见面。他们仍然为过去开着门，给自己留了后路。他们这么做是因为这样能给他们带来安慰、让他们被关注，让他们产生联结感和确定感，也是一种消遣。但与不适合你的人交往，无论你们的互动频率有多低，都会阻碍你的显化之旅。因为你这么做就是在对你的潜意识说：“我不相信我真心想要的事物会来到我身边。”或“我需要在别人身上寻找自我价值。”

要让你想显化的事物进入你的生活，你就要在心里划定界限。每当你有机会远离不再对你有益的人或事时，请抓住这些机会。你必须清除障碍，才能轻松地遇见梦想中的自己。

为了说明你在努力显化完美伴侣时可能遇到的考验，我再举一个例子。你和一个新认识的人约会了几次，你们很快产生了“化学反应”。他似乎很符合你的择偶标准，让你觉得他就是你一直想显化的灵魂伴侣。但没过几周甚至几天，你就开始感到不对劲了：他忽冷忽热，或者没有给你应有的尊重。这显然是一个考验，是在测试你到底有多重视自己，你认为自己有多值得遇见真爱，以及你是否会为一个似乎不愿意对你做出承诺的人妥协。

你如果选择妥协，就意味着忽视了你面前的警示信号，你就在阻碍显化。因为你选择忽视警告信号，就是在向你的潜意识发出这样的信息："我害怕遇不到更好的人，我不相信自己能找到真心爱我并愿意对我做出承诺的人，我不值得。"**记住，要显化你想要的事物，你就必须相信自己值得拥有它，你的行为也必须与这一信念保持一致。**因此，选择离开这个人就是用行动告诉你的潜意识，你知道自己值得拥有更深层次、更有力量的亲密关系。

无论何时，无论在哪个领域，你只要在生活中做出"将就"的选择，就会阻碍自己显化所有你最渴望的事物。这是因为"将就"这一行为出于低能量的恐惧和疑虑：害怕自己不值得拥有真正渴望的事物，怀疑自己不能显化梦想。

成为一个可以轻松显化梦想的人，关键就在于"不将就"。你需要审视生活的方方面面，问问自己："我在哪里向不那么如意的事妥协了？我在哪里向低自我价值感妥协了？"例如，你目前的生活中是否有你似乎无法放弃的有毒的友谊？我的客户几乎都有一个不断消耗他们、贬损他们、"窃取"他们能量的"毒友"。他们之所以还保持这段友谊，要么是因为害怕离开会冒犯对方或让对方难过，要么是因为担心没有了对方，自己会感到更孤独。有毒的人际关系是另一种形式的考验，只有在拥有足够的勇气和内在力量，远离了这类关系之后，你才能在生活中给更健康的人际关系腾出空间。**记住，时间和精力是你最宝贵的财富，要明智地使用它们。**

常见问题

问：我如果没有通过考验该怎么办？

答：经常有人问我："罗克西，我觉得我搞砸了。我回到了前男友的身边，我们重新在一起一个月后，他又出轨了。我觉得自己像个傻瓜。我是不是毁了一切？"答案是：并没有，当然没有。记住，这是一次考验，如果你第一次没有做对，你就要调整自己的想法和行为。无论何时，只要你的能量转变了，通过了考验，你就会得到丰厚的回报。

考验并不只是以人的形式出现。真正需要你留心的考验是那些看上去正是你所期待的，但仔细观察就会发现不太对劲的事物。例如，如果你正在寻找理想的房子，而你找到了一个"差不多"，但又不够理想的房子，你会因为害怕找不到更好的而接受它吗？你会放弃它，转而继续找那个"对"的房子吗？

我的一位好友是化妆师，他希望显化自己和一家特定的公司签约，这家公司汇聚了一些声望很高的创意人士。他在愿景板上写下了这家公司的名字，开始努力培养自爱，消除限制性信念，并在社交媒体上定期上传内容，展示自己的作品，以及尽可能多地接受工作邀约来打造自己的作品集、积累经验。几个月过去，他更有自信了，并且在工作领域中形成了自己的独特优势。这时，他收到了一封电子邮件：一家公司想和他签约，但并非他梦想的那家公司。他要做出一个重要的选择：他是应该因为害怕无法显化梦想而答应他们，还是应该因为这并非他真正想要的而拒绝他们，然后继续等待？这是一个很难的选择。选择后者往往需要你坚定地相信自己，因为拒绝并非你想要的"好机会"会使人产生不安全感。我的朋友说如果不接受那家公司的签约提议，他会觉得自己不知足，甚至有些贪婪。我提醒他，知道自己想要什么并坚持到底并不像他所说的那样不堪。经过几天的深思熟虑，他做出了充满力量的决定——他拒绝了这份工作。五个月后，他如愿与自己在愿景板上写下的那家公司签约了。

在任何时候，你都可以选择是采取匮乏心态还是采取富足心态。采取匮乏心态的人会认为不是每个人都能拥有足够的爱、幸福或成功。采取富足心态的人则认为，每个人都能拥有富足。在显化的每个阶段，怀揣富足心态都是必要的一环，尤其是在克服显化之旅的考验时，保持富足心态尤为重要。假设你正在寻找一条完美的牛仔裤。你走进一家商店，看到一条非常漂亮的牛仔裤挂在你面前的衣架上。你取下它，乐观地径直走向更衣室试穿，但你在试穿后发现它并不适合自己。这时，因为你知道世界上有大量不同款式的牛仔裤，所以你会平静地把它放回衣架，继续寻找你心中那条完美的牛仔裤。你不会浪费时间去想："世界上的牛仔裤为数不多，我可能找不到更好的了，所以我最好买走这条。"你需要将富足心态运用到生活中的每一件事上，这样才能显化你真正的愿望。把那些不适合你的东西放回原处吧，你值得拥有那些真正适合你的东西。

除了受困于匮乏心态，急躁也常常使人们无法通过考验。在能很快实现某种想要达成的目标时，人们有时会忽略愿景的细节，转而选择次优解。例如，你有没有重新装修过自己的房子或办公室？如果有，你就会知道重新购买重要家具的周期可能长达数月，因为这些家具通常都是定制的，尤其是在你寻找独特的家具时。因此，在重新装修过程中，你总会遇到这样的选择：你是选择不那么完美但会很快到货的家具，还是选择耐心等待，打造出符合你最初设想的完美空间？显化梦想生活就有点像重新装修你的房子。有时，你需要等待比预期更长的时间才能打造出你梦想中的完美空间。这是属于你的理想空间，也是你最初在愿景板上规划的空间。

如果事与愿违……

你还面临着其他类型的考验，比如事情没有按照你的原计划进行，或者你遭到拒绝。期待已久的旅行泡汤了，房子的价格没谈拢，出现了一笔意外的开支，没有被申请的大学录取，或者得知暗恋的人和其他人恋爱了……这些情况都可能让你情绪爆发，迅速动摇你的自信和对显化的信任。但你需要知道的是：**当事情没有朝着你期望的方向发展时，其实是你为自己挺身而出的最佳机会，你可以抓住这个机会同时提升内在力量、韧性和勇气。**

假设你是一名演员，希望显化在一部电视剧中担任主角。你的显化之旅可能是这样的：你在愿景板上写下你想出演的剧目类型、剧目播出的频道和想获得的片酬，甚至是导演的名字；然后，你努力找出并消除恐惧和疑虑，同时调整自己的行为，上表演课、投入时间和精力参加试镜，以及积极主动地与业内其他值得你学习的人交流；很快，你的经纪人给你打来电话，告诉你你获得了一个“完美的角色”，你会想“天哪，我要的就是它！”；你在试镜时全力以赴，耐心等待，但最终收到回复说你没有得到这份工作，这时你难免感到崩溃。在经历了失望之后，你可以做出选择：是让这件事消耗你的自信，让你付出的努力付诸东流，还是接受这不是适合你的角色，然后带着你的高能量继续前进——简单地说，你是选择失去自信，还是选择相信有更好的事物在等着你？

> **有时候，事情看起来分化瓦解，但其实只是跌入了未知之境。**

我最初决定推出自己的播客系列节目《那些造就我的时刻》（*The Moments that Made Me*）时，我设想让每个嘉宾在每期节目中聊聊铸就现在的他们的3个决定性时刻，这意味着我需要先联系嘉宾，这让我从一开始就感到恐惧：别人会不会觉得我邀请他们很烦？会有人答应上节目吗？这个节目会不会在第一期便以失败告终？我一直都很害怕向别人求助，因为害怕被评判或拒绝。但是更新播客内容对我来说很重要，所以我知道自己必须跳出舒适区，去做想做的内容。于是，我拿出纸和笔，写下了一份名单，列出了所有与我有联系并且可以求助的人。我第一个联系的是一位名人，他当时是一档英国真人秀节目的评委。我紧张地给他发短信，问他是否愿意做嘉宾。很快，我收到了回复，内容大致是说他感到很抱歉，他不方便分享自己的个人生活，所以无法在这个节目上帮助我，但祝我好运！我记得当时我感到有点恶心——我立刻觉得很尴尬，因为向他求助后得到的是我认为很明确的拒绝。后来我才想起来，我是有选择的。我可以选择让这个结果影响我的自信，在筹办节目时就停下脚步；也可以选择看到这只是一个考验。我重塑了我的思考方式：这个人决定不分享他的故事并非拒绝，这个结果很合理，原因我也可以理解，而且这并不意味着我求助的每个人都会有同样的反应。然后，我又给另外 5 个人发了信息，他们都答应上我的节目。到 2020 年底，我已经录制了 28 期节目，与年初我在愿景板上写的期数完全一致（其实我都不知道自己为什么会选择这个数字，但我就是写了！）。2021 年 5 月，在伦敦，宣传我播客的广告出现在 90 个广告栏上！看到自己的播客在全伦敦宣传，那种感受真是难以言表，我的自豪感油然而生。如果我没有走出自己的舒适区，通过我面对的考验，这一切就永远不可能实现。

19 世纪末的哲学家海伦娜·布拉瓦茨基（Helena Blavatsky）被认为是最早撰写与显化有关的内容的作者之一。她在《秘密教义》（*The Secret Doctrine*）中写道："不要害怕困难，也不要希望自己能处在与现在不同的情境之中。当你将逆境的价值发挥到极致，它就会成为一块帮助你遇见绝佳机会的垫脚石。"第一次读到这段话时，我笑得合不拢嘴。这段写于 100 多年前的优美文字，支持了直觉告诉我的真理：如果我通过了考验，我就会获得新的机遇。

当你通过考验时，你就构筑起了强大的内心，获得了一种有吸引力的内在力量。

我在社交媒体上收到了一个参加过我的显化工作坊的人发来的信息，她说："过去几周，我一直在努力显化，上周一我得到了梦想公司的面试机会。我是这个行业的新人，我简直不敢相信自己会得到这个机会。因此，我真的认为自己已经显化了我想要的事物，但后来，我没有得到这份工作。我感到非常失落和崩溃，不知道该怎么办。"我很同情她。在经历了几天或几周充满希望的兴奋之后陷入失望，会使人非常痛苦。但是，她还是要做出选择。她可以选择就此放弃，沉浸在被拒绝的低能量情绪中，也可以选择重塑内心的回应。她可以选择这样思考："作为一个刚入行的人，我能这么快就显化获得梦想职位的面试机会，这难道不令人惊喜吗？我可以从准备面试和面试过程中学到有价值的经验，这将使我受益匪浅，会帮助我在未来获得最适合我的职位。"这是一种对拒绝的高能量、有力量的回应。我帮助她以这样的方式重塑思维，告诉她拒绝是一场完整经历的一部分。我鼓励她意识到这是一种考验，她可以通过重塑思维，以及每晚睡前聆听一些关于职业生涯的肯定音频来保持高能量。3 周后，她给我发来信息，说："非常感谢你帮助我重塑思维。实际上，参与了上次你举办的显化工作坊以后，我现在已经成功实现了所有愿望。尽管一开始我也有过自我怀疑，感到过沮丧，因为我没有如愿很快获得回报，但我的所学最终还是给我带来了好的结果。我正在去新公司的路上，准备参加入职培训，明天就开始上班了。”

请记住，对抗和否认不是强大。真正的强大是接纳，是允许一切发生，并学会重塑思维。如果你交往了 4 个月的对象莫名其妙地离开了你，那么请你接受他不是你的“真命天子”的事实；如果计划在最后一刻落空了，那就说明这就是注定的。在显化过程中，有时你需要拍拍身上的灰，站得更高些，从经历中汲取所有有价值的经验，因为你知道总会有你需要学习的功课，总会有更好的事物在其他地方等着你。

> 我在本书中经常使用“选择”这个词，这是因为选择能力是最强大的显化工具之一。你可以选择创造什么样的愿景，执着于什么样的想法，愿意与谁共度时光，如何分配精力，接受别人的哪些行为，消除哪些恐惧和疑虑，以及如何应对考验。你所做的选择决定了你会成为什么样的人，也决定了你能在生活中显化什么样的事物。

你如果正走在显化之旅上，就需要意识到途中一定存在考验。当它们出现在你面前时，不要让它们降低你的能量，不要偏离正轨。利用它们来增强你的显化能力，告诉你的潜意识你看重自己、你相信自己值得富足。必要时为自己挺身而出，对所有不符合你要求的诱人机会说“不”，用强大的内心面对被拒绝的情况，同时相信一切都会如愿以偿。

我最喜欢的一句名言是“有时你会赢，有时你会学到点什么”。这句话提醒我，任何事都可能让我收获一些有价值的经验。与其关注事情的失败或成功，不如把每件事都看成学习、拓展和成长的机会。这就是为什么我个人最喜欢“让考验引领你前行”这一步：你把困难看成你可以克服的考验之后，你就能减轻很多不必要的压力，能更轻松、更自在地在生活中乘风破浪。这种松弛感能够提升你的能量，能让你更有力量，从而让显化之旅更顺利。

MANIFEST

7 Steps

To

Living Your

Best Life

STEP

FIVE

步骤五

拥有感恩之心

感恩之心是奇迹的磁石。

佚名

在本书的引言中，我提到过不同的情绪有不同的振动频率。羞愧、愤怒、嫉妒、内疚等都是低振动频率（低能量）的情绪，喜悦、幸福、爱、和平、满足、感恩等都是高振动频率（高能量）的情绪。你有哪种频率的情绪，就会吸引来相应频率的事物。

当我第一次知道情绪能够塑造现实生活时，我下意识地认为这是真理。我开始回想自己无数次怀揣着低能量情绪（如愤怒、悲伤和绝望），而消极情形随之在生活中显化的经历。事实上，尽管当时的我并不承认，但是在当时，我的确在不断显化消极情形以支持我的想法——我不值得，生活真不公平。我会在脑海中演绎最坏的情况，当它们在现实生活中发生时，我会说："我就知道会这样。"例如，22 岁那年，我辞掉了在帝亚吉欧（Diageo）公司的朝九晚五的工作，决定自己创业。我一直都知道自己想为女性赋能，所以我想，也许我可以利用对时尚的热爱，帮助女性自信地展示自己。因此，我决定尝试成为一名时尚造型师。我开始接触潜在客户（基本上是我的朋友和熟人），询问我能否帮助她们重新打造衣橱。然而，每当我联系她们时，我都会听到自己的内在声音："她们不会答应的，因为她们知道你不够好。"然后，当她们礼貌地回绝我的邀请时，那个声音又会说："我早就告诉过你了。"可以说，我的时尚造型师生涯一直没有起色，两年里我只获得了一个付费客户，然后我就决定放弃这份事业了。我失败的唯一原因就是我缺乏自我价值感，一直沉浸在阻碍我前进的低能量情绪中。我一点都不自信，也无法无所畏惧地采取行动，或者在遇到障碍时勇往直前。事实上，我花了整整十年来寻找证据，证明我是一个失败者，一个注定得不到幸福的人，而时尚造型师生涯的失败只是我找到的证据之一。现在，我明白是我让自己长期陷于停滞不前的境地。**我一直拥有显化能力，只是用错了方向。**

你能记起自己在愤怒、嫉妒或恐惧时，在你的生活中显化了一些消极事物的经历吗？你是否有过这样的经历：早上起晚了，感到疲惫又烦躁，你在这种平淡、低能量的情绪中醒来，无法摆脱这样的情绪；你坐下来吃早餐，咖啡洒了一地；你出门，走到半路才想起手机落在家里，于是回去拿手机，结果错过了火车；你收到朋友的消息，他取消了期待已久的会面。一天结束了，你仅仅会说："唉，不过又是这样的一天！"仔细想想，你相信这些事情接连发生只是巧合吗？最近，我因为工作时犯的一个错而对自己感到生气，当我走出办公室时，我的脚趾被门绊了一下，我竟然在内心默默笑了起来。这就像是我收到的一个小提示，它说："嘿，振作起来。"你的能量很重要。

当我第一次了解到我不仅拥有吸引富足的能力，也拥有吸引消极事物的能力时，我有些慌乱。也许你在读本书时也会有同样的感受，你可能想：“这是否意味着每次我愤怒时，都会发生不好的事情？在我缺乏热情的日子里，会有糟糕的事情发生在我身上？我总不能一直都保持高能量吧？”你当然无法一直保持这样的状态，重要的是，你要给自己空间去感受、确认、接受和尊重各种情绪。那么，当你被低能量情绪压得喘不过气来的时候，你该怎么办呢？你要学着感恩。

感恩意味着心存感激，这种情绪具有极高的振动频率。感恩是人拥有的最强大的情绪之一，你了解如何实践感恩后，你就能用它瞬间将自己从低能量的体验中拉出来，改变自己的状态，转换自己的振动频率，并充分吸引富足。在感到乏味、低落、愤怒、嫉妒、怨恨或恐惧的日子里，你可以运用感恩来帮助自己。你可以花点时间，停下来找到平和的感受，培养和拥抱感激之情，改变你的低能量情绪。

三种类型的感恩

感恩自己

感恩自己拥有的事物，例如“我感恩我拥有的能力”“我感恩我身体健康”“我感恩我的头脑”。

感恩生活

感恩生活中值得你感激的事情，例如“我感恩我的工作”“我感恩我的家人和朋友”“我感恩我生活的地方”。

感恩世界

感恩人类共同拥有的事物，例如“我感恩洒落的阳光”“我感恩世间万物的联结”“我感恩自己可以旅行，体验不同的文化”。

你可以运用这三种类型的感恩，在生活中培养感恩之心。

注意：有时候，你可能发现身陷于特别强烈的恐惧、悲伤或愤怒情绪时，自己无法对自身或生活中的事物心存感激。这就是为什么我为你列出了三种类型的感恩，这样你总能找到一些能够让你感激的事物：今天你如果难以对生活充满感激之情，那就感恩世界层面的事物吧。请记住，只要你愿意花时间观察，总会有值得你感激的事物。

当你对目前拥有的事物心存感激时，你就会感到满足、踏实和平静，你的能量也会瞬间提升。不信你试试：现在，花一点时间想想你非常感激的一件事；清晰地构想它，让感激之情流淌在全身。你注意到了吗？当你想到你真正感激的事情时，你的身体会发生变化。你的肌肉可能开始放松，你可能不自觉地开始微笑，你可能拥有更平和的心态。

在我踏上显化之旅一个月后，我遇到了乔·迪斯派尼兹博士。我听了他和格温妮斯·帕特洛（Gwyneth Paltrow）在播客节目中的对话，听完我就在视频网站上输入了他的名字，看了很多他的演讲视频。我发现他非常有见地，同时他的热情也非常具有感染力。他分享了一个让我记忆深刻的发现，深深影响了我的显化之旅：有研究发现，将恐惧转化为感激、欣赏和善意，每天 3 次，每次 10 分钟，坚持短短 4 天，免疫系统的功能就能提升 50%。这多么不可思议啊！用感恩取代恐惧和疑虑就可以改变生理机能，改变细胞行为，改变人整体的振动频率，甚至可以帮助人抵御疾病。这让我大受震撼！这从科学角度证实了大脑具有不可思议的能力——改变现实的能力——也证明了感恩的巨大力量。从知道这一发现那一刻起，显化对我来说才真正成了结合了科学与智慧的实践。我知道我可以运用大脑来转换自己的能量，提高我整体的振动频率，进而改变现实生活，而感恩在其中发挥了核心作用。

此后，感恩变得更有意义了。我回顾了自己的心路历程和此前的所作所为。老实说，我从未拥有真正的感恩之心。我总是抱怨自己拥有的太少，眼睛总盯着别人，希望我能拥有他们拥有的，或者等待着某件事或某个人奇迹般地进入我的生活，给我带来快乐。你应该明白我的意思。你有多少次这么想过："当……时我就会快乐"或"如果我拥有他们拥有的事物，那么我或许就能快乐起来吧？"这是一种限制性信念，因为它会让人一直处于匮乏的思维模式中。它向潜意识发出的信息是"我的生活是不完整的"或"我拥有的还不够多"。这样，你会继续处于匮乏的状态。这种思维模式也在以另一种方式限制你：等待某件事或某个人来带给你幸福，会让你失去内在力量，因为它不允许你对自己的幸福负责。

在显化之旅中，你要先认识到你是自己生活和命运的负责人、建筑师和指挥官。

如果你问过去的我："你是一个懂得感恩的人吗？"我会回答："当然！"因为当时我真的相信自己确实如此。但我接下来还会说"我知道自己在很多方面都很幸运，然而，如果我能拥有一段亲密关系，我会更幸福"之类的话。我的感激总是带着附加条件，正因如此，我无法感受和体验真正的感激之情。

我开始意识到人们在表达感激之情时，几乎总是带着一些附加条件。他们会说："我喜欢我的房子，但是我好想住进更大的地方。”“我喜欢我的工作，但是如果我的薪水再高一些就更好了。”或“真好，我今天做出了一些业绩，但是我希望全部商品现在都卖完。”人们如此随意和自然地附带上这些条件，多数人甚至没有意识到自己正在这么做。

我开始问自己，为什么人们总是在感恩的时候附带一些条件呢？我认为其中一个原因是很多人的潜意识层面都有一种恐惧，害怕自己如果满足于现在拥有的一切，就不会再努力争取更多。比如说，人们对目前的薪水心存感激是否会让人们不再主动争取升职？人们对自己住的房子感到满意是否意味着人们不会去体验新生活？

人们的潜意识层面有一种信念，认为真正的、由衷的感恩是以牺牲动力、积极性和不断进取的能力为代价的。我在这里要帮助你消除这种恐惧：真正的感恩是没有任何附加条件的，也不会阻碍你的发展。事实上，它是显化之旅不可或缺的一部分。

> 你必须明确自己的愿景，明确自己想去的地方，同时你也要对目前拥有的一切充满感激——我将这称作显化之旅的“甜蜜点”。

我想和你分享一个小故事：我自己是如何利用这个步

骤来显化我现在的家的。

在我刚刚发现自己怀孕10周的时候，我还没有自己的事业，挣的钱也很少，我不知道我的生活接下来该怎么办。在几个月前，我通过显化让自己遇到了韦德，但我对接下来发生的事情——我怀孕了——毫无准备。我一直住在一套漂亮的公寓里，但那时的我已经没有能力负担它的房租了，韦德和我无处可去。我父亲非常好心地说我们可以住在他的位于伦敦滑铁卢（Waterloo）的公寓里。于是，我搬进了这套极其破旧的公寓。一进去我就立即闻到了一股恶臭——上一个房客把这套公寓弄得一团糟。房间的装饰和22年前买下时一样，门上还有一个洞，墙上到处都是污渍，浴室的瓷砖上满是霉斑，淋浴器只能滴水。我那时想："我已经28岁了，没有工作，带着身孕，住在这间破旧不堪的公寓里。这和我想象中的生活完全不一样。"我想显化的是精彩的生活，而那时的生活显然不是这样。我像个娇惯的顽童，总是抱怨屋子太小，还会躺在床上想象我下一站会去哪里，以为仅凭想象就能成功显化梦想生活。现在回想起来，我都觉得后怕。

随着时间的推移，我的肚子一天天大了起来，我开始进入"筑巢模式"。我重新装修了公寓，虽然慢，但很坚定。我把所有没有地方放的家具都卖掉了，真正开始打造一个家，为孩子的到来做好准备。我开始喜欢这里了，对自己说："我想现在这样就很好。"我试着感恩当下，因为我知道我应该心存感激。然而那时我还没有真正做到。

接着，一场不期而至的传染病迫使人们必须待在家里，保护好自己。我曾经厌恶搬进去的地方成了我的避难所，成了我的家、我的办公室、我的健身房和玩乐地点。我爱上了这里。同时，我有很多的思考时间。在某一刻，我终于醍醐灌顶般地意识到："我是如此幸运，能有一个栖身之所。我爱我为我的小家庭打造的空间，能住在父亲通过辛苦奋斗买来的公寓里，我的运气真的太好了。能在这里生活，我真的很开心、很满足。"这是我发自肺腑的真实想法，我感到内心充满了无限的感激。

韦德和我每天都会在家里散步很多次，他问我："你梦想中的家是什么样的？"我向他描述了一个带双开门冰箱和大理石台面的岛式厨房，以及一个可以泡澡的浴缸，这就是我梦想中的家。过了几天，我在社交媒体上看到一位朋友上传了一段视频，视频中她在家中锻炼，身后就是岛式厨房。我给她发消息说："哇，你的房子真漂亮。"一分钟后她回复说："想买吗？"我开玩笑地回复道："哈哈哈，多少钱？"那套房子原本的价格远超我的承受范围，但天时地利人和，它正好低价出售，而我刚好负担得起。此时，我已经开创了自己的事业，并且正在非常努力地工作（也就是调整自己的行为并采取行动！）。我心里清楚，正是因为我对自己拥有的一切充满了真诚的感激以及坚持不懈的努力，才让我在短短几天内就成功显化了我的梦想之家。

当你想在生活中显化一些事物时，你必须明确自己的愿景，消除恐惧和疑虑，调整自己的行为，通过考验，然后对目前拥有的一切心存感激（不带任何附加条件）。让感激之情改变你的生活状态。感恩能够提升你的能量，让你处于富足的心态。

只有当你愿意看见美，世界的大美画卷才会在你眼前展开。

如果你愿意并看到了你生活中已经存在的美、爱和富足，你就会轻松地吸引更多的美、更多的爱和更多的富足。

你要“带着感恩之心”生活，让这种生活态度成为你生命的一部分。你必须反复练习，重新连接大脑的神经通路，这样你就会自然而然地将目光放在生活中美好的事物上，而非那些不好的事物。如果你这么做，你的生活状态就会改变，你的注意力也将转向富足，显化之旅也会轻松很多。**记住，注意力转向哪里，能量就流向哪里**。因此，关注美好的事物，更多的美好就会降临到你的生活中。

你可以通过以下方式来培养感恩之心。

写日记

我非常喜欢写日记，这是我反复使用的自我发展工具。坚持写日记可以从神经层面重新训练大脑，让它专注于生活中美好的事物。写日记是一种有力量的显化工具。

以下是日记的两种形式。

1. 感恩清单

每天晚上或每天早上，写下 15 件你感激的事情。我喜欢在三种感恩类别下各写 5 件事：先写 5 件感恩自己的事（例如“我感谢自己的韧性”），然后写 5 件感恩这一天的事（例如“我感恩与儿子共度的时光”），最后写 5 件感恩世界的事（例如“我感恩大海的声音”）。

2. 积极日记

这是我最喜欢的日记形式，是我去年为自己量身定制的。

每天结束时，写下当天（从起床的那一刻到上床睡觉的那一刻）发生在你身上的每一件好事。我指的是所有的好事：今天阳光明媚；一个陌生人对你微笑；一个朋友给你发了一条贴心的信息；你在社交媒体上看到了搞笑的图片或视频。按时间顺序写下来。

很多时候，一天会很快过去，你会忘记自己经历过多少美好时刻，你可能没有注意到这些时刻，更别提感恩了。你甚至会因为一天中一个不愉快的时刻而判定那一整天都是“糟糕的”。但是，当你坐下来整理你经历过的所有美好时刻时，你很快就会发现，一天中有很多值得感恩的事物。

每天坚持写积极日记，大脑就会自发寻找每天所有的美好时刻。几周后，你可能突然发现自己走在街上时会自言自语：“哇，好漂亮的建筑啊！”你终于注意到了此前每天都忽略的棒极了的建筑。你可能开始感恩伴侣每天早晨为你端来的那杯早安茶，或者注意到你每天早上走进办公室时接待员露出的亲切微笑。你会注意到生活中更多美好的事物，你的能量会一天比一天高。

去年，当我发现自己的事业陷入了困境时，我为自己制订了这种写日记的方案。我当时患上了冒名顶替综合征，而且我感到自己在显化一些事物时“被卡住”了。有人送过我一本笔记本，封面上写着“积极”，于是我决定将它作为我的“积极日记本”，让它带我走出低谷。我连续两周每天晚上都写日记。两周结束时，我取得了突破，我的一个愿景实现了：为 *VOGUE* 杂志撰写与显化有关的文章。我当时正在上在线普拉提课（我最好的灵感往往会在这个时候涌现），突然听到了一个内在声音："如果你真的想为*VOGUE*杂志撰稿，你就必须采取行动。跳出你的舒适区，发送邮件吧。最坏的结果就是他们拒绝。"连续写了两周积极日记的我正处于高能量的感恩状态中，在这种状态的驱使下，我暂停了普拉提课，给*VOGUE*杂志编辑凯瑞·麦克德莫特（Kerry McDermott）写了一封邮件，询问她我是否有机会为*VOGUE*杂志撰写与显化有关的文章。几小时后，她回复我说："我恰好上周委托其他人写了一篇关于'显化'的文章，明天就会截稿。我帮你联系另一位作者吉塞尔·拉庞佩-摩尔（Giselle La Pompe-Moore），你可以和她共同撰写这篇文章，成为作者之一。"我给编辑发邮件的时间刚刚好，而我如果没有在灵感来的时候采取行动，就会错失良机。这是用行动显化愿景的绝佳范例：我有了为*VOGUE*杂志撰稿的愿景，再用感激之情将自己从自我怀疑中拉了出来，然后通过调整自己的行为和采取行动，消除了所有的恐惧或限制性信念（"我不配为*VOGUE*杂志撰稿"）。当我看到文章刊登出来时，我的内心涌起难以言说的自豪感：年轻时的我在内心尖叫！

说出好的事情

每当你发现自己陷入低能量情绪时，你就可以使用这个简单的技巧，用感恩之心帮助自己振作起来。你可以在任何地方使用这个技巧，只需将手中的事情暂停片刻，然后将你感激的事情一一说出来，直到你感到自己的情绪发生了积极的变化。你可以在手机上的笔记应用程序里记下这些事情，也可以对自己、朋友说，或者写在日记本中。

每当我心烦意乱、恼怒时，或者一觉醒来感到有点“不对劲”时，我都会使用这种技巧，把所有美好的事情都说出来或记下来。每次只需要几分钟，简单又有效。

将“我必须做”转变为“我有机会做”

我还记得自己在伦敦一家健身工作室上第一堂动感单车课时的经历，当时课程正进入高潮：我满头大汗，呼吸急促，双腿变得疲惫而沉重，一心希望快点结束。这时，带课教练仿佛看透了我的心思，用麦克风向全班喊道：“记住，你不是非来不可，你是主动选择来的！”这时，我灵光一现，是我自己选择来这里的，没有人强迫我骑动感单车。事实上，参加该课程的每个人都是主动来的，我们有幸拥有健康的身体，可以用双腿蹬车。我们有幸住在这家健身工作室附近，我们很幸运有能力为自己预订一个课程名额。在体力不支的那一刻，我停下来想了想，发现了太多值得我感激的事情，为什么我会希望快点结束呢？那位带课教练的话彻底转变了我的视角：他一下子把我带回了当下，感激之情充盈了我的内心。

视角转变是一种强大的感恩工具，我鼓励你每天都使用它。你说过多少次“我今天必须去健身”“我必须去上班”“我必须去看我的父母”“我必须学习”或“我必须为孩子们做晚饭”？使用这种表述意味着你没有选择，你是被迫的，它在剥夺你感恩的机会，暗示你没有选择的权力。但如果你进行了简单的语言转换，说“我有机会锻炼身体了”“我今天有机会去上班了”“我有机会去看我的父母了”“我有机会去学习了”或“我有机会为孩子们做晚饭了”，你就会自动进入一种感恩的状态。这是因为当你说“有机会做……”时，你就是有意识地在潜意识层面提醒自己，不是每个人都有这样的机会，你是多么幸运，能够活动身体，能够见到你所爱的人，能够过上你现在的生活。

培养正念思维[①]

你每天会说多少次“我等不及……”或“如果发生……我就会非常高兴”？这是多数人都会自然而然说的话，我也不例外。我经常发现自己在午餐时想晚餐吃什么，或者在花几个小时想成功显化愿景时非常激动：“当……时，我一定会感觉棒极了。”人们说这些话的初衷是好的：对某件事情感到兴奋会让人感受很好，做白日梦，想象自己想显化的事物也很有趣。事实上，我经常建议人们要心怀一些期待，因为知道自己想要什么和未来想去哪里是显化的第一步。**但是当人们开始专注于未来，而不着眼于当下时，问题就会产生。**过多地展望未来（无论是积极的未来还是消极的未来）会使人们无法活在当下，还会使人们无法全然地感恩。这也是我建议人们在制作完愿景板后将其收起来的原因之一。

想培养感恩之心，你就必须培养正念思维。无论在做什么，你都要有意识地努力做到百分之百地投入。例如，你在办公室时要百分之百地投入工作，你与家人在一起时要百分之百地将注意力放在他们身上，你在健身房时要百分之百地投入运动。这么做不仅能丰富你的体验，减少因

① 正念思维：关注真实的、正在发生的事情的思维。强调专注于此时此刻。——译者注

注意力分散产生的压力，还能帮助你培养正念思维。每当你发现自己失去了专注力，发现思维脱离了当下时，把自己拉回来。把注意力集中在当前的感受和所见所闻上，专注地和你身边的人待在一起。

另一种培养正念思维的方法是将冥想融入日常生活。冥想是关于静定和临在[①]的练习，就像你训练腹部肌肉使其变得强壮一样，你也可以通过冥想让你的正念思维更强大。如果你是冥想的新手，那么我建议你从引导式冥想开始。刚开始可以只进行 5 分钟引导式冥想，在你准备好之后再进行更长时间的冥想。冥想对身心有非常大的益处。注意，在进行冥想时，不要评判自己的练习，也不要期望立马就能感到静定。另外，“冥想时应该万念俱空”是一种误区！冥想的目的并非清空思想，而是对自己的想法有所觉察，但不执着于它们。冥想是一种可以培养觉察力的正念练习，可以让人通过静定和呼吸静下来。

我非常建议你将冥想融入日常生活，让其成为你经常使用的获得高能量、培养自爱的方法之一。我每天都需要进行冥想，冥想能帮助我放慢思维，为创意和灵感的产生提供空间，同时还能帮助我活在当下，进而强化我的感恩之心。冥想是我显化过程中不可或缺的一部分，我总会

① 临在：有觉察力地安住于当下。——编者注

抽出时间进行冥想。有些时候，我只进行5分钟专注于呼吸的冥想，而有些时候，我会在睡前进行30分钟的显化（视觉化）冥想。

你可以在网络上查找并下载包括“显化冥想”在内的冥想指导音频。

关注生活中的小确幸

活在当下会让你有更多的机会注意到生活中的点点滴滴，从而唤起感恩这种高能量情绪。

以前你忽视的小事，现在能让你感到满足、快乐。这些小事就是生活中的小确幸。关注它们，与它们“在一起”，感受它们，充分体验它们。这样你就会不断让自己回到感恩的状态，你的显化能力就会不断增强。

生活的小确幸有哪些？

例如现煮咖啡的香气、在铺了新床单的床上躺着、清晨的鸟叫声、暖风拂面的感觉、解渴的一杯水、海浪声、早晨的阳光、整理房间、点上蜡烛、鲜花、新鲜青草的气味、路人的微笑……

写下10种你喜欢的小确幸。

1. ________________________________

2. ....

3. ....

4. ....

5. ....

6. ....

7. ....

8. ....

9. ....

10. ....

在显化梦想生活的道路上，不要忘记享受旅程。关注生活中微小而简单的快乐，活在当下吧。记住，感恩之心是吸引奇迹的磁石。

STEP

SIX

步骤六

化嫉妒为灵感

嫉妒：因别人拥有的事物、品质或运气而产生的不满或愤恨。

——牛津英文词典

嫉妒是一种匮乏心态带来的低能量情绪。你嫉妒相当于在对你的潜意识说："当我看到别人拥有我想要的东西时，我感到愤恨，因为我不相信自己能拥有它。"

灵感：突然产生的能帮助你成事的新思路。

——麦克米伦词典

灵感是一种富足心态带来的高能量情绪。你能看到自己渴望的事物并从中获得灵感，相当于在对你的潜意识说："我相信每个人都本自具足，我相信我也能拥有它。"

嫉妒是一种你能切身感受到的，从内心升起的情绪。我经常感到它在我的心里翻腾：它来的时候就像一阵令人惊恐的浪潮，紧接着，沮丧、愤怒、悲伤交织在一起。这样的感受非常微妙，又挥之不去。有时，嫉妒会直接当面袭击你，例如当同事得到了你申请晋升的职位时，或者在你没能和未婚夫熬过七年之痒，分手后看到一对恩爱夫妻手牵手时。但更多的时候，嫉妒是暗箭。它悄无声息地射中你的内心，在你心上扎根，使你对生活感到不满却找不到原因。当你漫不经心地浏览社交媒体时，你会看到各种完美的形象，会有很多和别人比较的机会，会看到你想拥有的事物，还会找出各种使你觉得自己的生活不如别人的理由——你的潜意识在被这些信息轰炸。

社交媒体是一个价值数十亿美元的产业，它的驱动力之一就是嫉妒：它大力提倡你与别人进行比较，从而诱导你购买别人拥有的商品，同时还鼓励你在嫉妒的驱使下发布自己的图片，来获得足够多的“赞”或“评论”，从而感到自己还不错。

在使用社交媒体后，相比于使用之前，你是否常常感到自己和自己的生活更糟糕？

一位女士曾在我的小组辅导课上说，过去的几个月里，她一直很害怕周五和周六的晚上。我问她原因，她说是因为每个周末她都会在社交媒体上看到人们外出、参加社交活动、去酒吧和餐馆，这些内容总会引起她嫉妒的情绪。小组里其他的女士都点头称是，她们都感同身受。于是，我问了她一个简单的问题：“你真的想每个周末都出去吗？”她说：“是的，当然想。”然后我温和地说：“那么，你为什么选择待在家里呢？如果你真的想出去，你肯定能想办法做到的。”她脸上露出了恍然大悟的表情。当然了，她如果确实想出去，总能找到一个朋友乐意和她一起。她又说："事实上，虽然我喜欢在特殊日子外出，但是总的来说，我就喜欢晚上在家吃美味的晚餐，看看电影，敷敷面膜，在忙碌工作一周后有机会重启休闲时光。"她还解释说，她非常珍惜周日起床后神清气爽的感受，因为她很期待每周日在跑步俱乐部和朋友聚会。那一刻，她意识到了社交媒体在让她嫉妒别人拥有但她自己根本不想要的事物。

社交媒体是"比较"的乐园，也是滋生嫉妒的沃土。它不停地展示着你认为自己应该成为的人，或者你应该过的生活。无论是刷屏的完美身材、理想之家、成功事业、快乐假期，还是美满家庭，各种"完美生活"在荧幕内被大肆兜售，令人嫉妒，而嫉妒的代价就是牺牲对自己的欣赏。

如果你允许与"完美生活"有关的信息无休止地占据你的注意力，你就会长时间陷在嫉妒中。但讽刺的是，你羡慕的事物并不真实。你在网络上看到的很多内容都是经过策划、编辑和美化的，这么做的唯一目的就是让它们看起来更吸引人、更让人羡慕。曾经我的一位朋友在发布了"完美情侣"的自拍照后，不久就打电话告诉我他们即将分手，因为她再也无法忍受这段有毒的关系了。我也曾打电话给另一位朋友说："噢！天哪，你的假期看起来真是棒极了。”但他告诉我，事实上，那是一个地狱般的假期。我看到的是粉饰的现实，不过是海市蜃楼罢了，我还继续为这样的事物努力着，似乎没有意识到这么做就像在彩虹尾处寻找一桶金，真是不切实际啊。

我自己与社交媒体的关系多年来就是有毒的。我经常在社交媒体寻找自己不够好的证据。当我默默地与抑郁症做斗争时，我看到网上的人们发着自己的照片，他们笑容满面，说着、跳着，好像无忧无虑的样子，对他们的嫉妒笼罩着我，让我痛苦不堪。我极度渴望感受到他们呈现出的那种轻松、快乐，我几乎要憎恨所有看起来没有被巨大的悲伤和自我厌恶折磨的人了。我的抑郁症与我的享乐主义如影随形，在那段时间里，我还渴望成为伦敦街头上“酷酷”的一员。我想，如果能受邀参加 *LOVE*① 杂志的时装周派对，我就会觉得自己被认可。如果能在英国时尚颁奖礼上有一席之地，我就会觉得自己是有价值的。很快，时装周和时尚颁奖礼就要举办了，但没有邀请函送上门。我坐在家中，打开社交媒体，看到每个人都在发布他们美丽的图片，分享精致的服装，那种熟悉的嫉妒感又一次占

① *LOVE*：由时尚摄影师梅尔特·阿拉斯（Mert Alas）和马库斯·皮戈特（Marcus Piggott）于 2009 年创办的英国时尚杂志。该杂志以其引人注目的时尚摄影作品和对时尚的独特见解而闻名，内容涵盖时尚、艺术、音乐和文化等多个领域。——译者注

据了我的心。嫉妒对我说："你不如她们。"它让我的自我价值感和能量永远处于低谷。当我盯着我的手机屏幕时，我感到自己大部分时间都在扮演生活的局外人，在透过外界来看自己。就像用酒精和香烟伤害自己的身体一样，在故意接触那些支持着"我不够好"的信念的事物时，我也伤害了自己的心灵。

过度饮酒、超前消费、有毒的关系和拖延重要任务都是在进行自我破坏，浏览社交媒体也是一样。我有一个朋友，她总是忍不住看她前任的新伴侣的社交账号，这已经成了她每天晚上的习惯。她看着她的照片，猜想她的生活"一定是什么样的"，然后开始玩"比较"游戏，嫉妒从而不可避免地占据了上风。她知道这么做是在伤害自己的自尊，但她似乎无法停下来。

我的建议是什么呢？监控和管理自己使用社交媒体的时间。在此我要声明一下：事实上，我很喜欢浏览社交媒体，社交媒体上有丰富的内容，如果使用得当，就能极好地鼓舞和激励人们，让人们产生联结。为了能够享受到社交媒体的所有好处，避免受到消极影响，我建议你做以下两件事。

1. 管理你浏览的内容

屏蔽那些让你感觉不好，或者你知道会触发消极情绪的内容。当你觉得自己能够从更健康的视角看待这些内容时（也就是说，当你更有自信时），你也随时可以取消屏蔽。选择关注那些你觉得内容有吸引力、有启发或很真实的账号，这样你就能在推送中看到更多积极的内容。

2. 用心阅读内容

在你浏览社交媒体时，要保持专注和临场感，这样你就不会漫无目的地滚动屏幕，从而不会无意识地接收消极的信息。用心阅读内容会让你更关注某些事情给你带来的感受。你如果感到有些内容触发了特定的情绪，就承认这种情绪并应对它。

人们并非只有在使用社交媒体时才会产生嫉妒。事实上，更多时候，人们会对身边的人产生更深、更强烈的嫉妒之情。

或许有朋友曾经告诉过你，他的伴侣为他安排了一个惊喜假期，或者他感受到了从未有过的美好时光。尽管这个时候你真的为他感到高兴，但你是否也会情不自禁地感到嫉妒呢？你是否曾经发现自己与手足相争，与他们陷入争吵的旋涡，而你深知这只是因为你嫉妒他们从父母那里得到了更多的关注？

人们在嫉妒自己所爱的人时，会感到非常困惑。人们会问自己："如果我真的爱这个人，或者如果我是他的好朋友，我怎么会嫉妒他呢？"这会引起羞愧、内疚和自我评判。自我评判会使人们感到非常不舒服，于是人们会试图否认自己的嫉妒。你是否曾经否认过你的嫉妒，并找借口说"我就是不喜欢他""我从来没有喜欢过他"或"我其实很讨厌拥有他拥有的事物"？然而，否认嫉妒对你没有任何好处。相反，你藏起嫉妒就意味着将低能量情绪困在体内。嫉妒会滋生不安全感和低自我价值感，这只会让你想显化的事物离你越来越远。

嫉妒，尤其是深埋心底的嫉妒会让人做出不友善、不正当，甚至伤害别人的行为。你是否曾经得知有的人之所以对你有恶意是因为他们在暗地里嫉妒你？同理，如果你一再否认自己的嫉妒，它的潜在危害就会越来越大：嫉妒会转化为对别人的评判。这是一个可怕的循环。你能为自己和周围的人做的最友善的事情，就是第一时间承认自己的真实感受。**与其忽视或压抑这些感受，不如从中有所收获**。例如，你如果看到一个自信满满的人走进房间，不要立刻评判她"真是太傲慢了"，问问自己，你是否欣赏并渴望拥有这种自信。你如果看到旁桌的一对情侣很亲密，而你正准备评判他们在公共场合秀恩爱，这时你也许可以问问自己："我想评判他们是否只是因为我希望拥有一段充满爱意的关系？”

通过进行诚实的自我反省，你可以察觉到自己的嫉妒，承认它，并让它告诉你你想要什么，你就会知道自己的生活需要怎样的事物。一旦你察觉并接纳自己的感受，而非否认和评判它们，你就有更多的空间去理解自己的感受。不过，在此之前，我想我有必要解释一下为什么人们非常反感嫉妒这种情绪。

我要给你讲一个你可能早有耳闻的故事——白雪公主的故事。在这个故事里，恶毒的王后问魔镜：“谁是世界上最美丽的女人？”当她看到镜子中出现的不是自己，而是白雪公主时，嫉妒控制了她。嫉妒驱使她命令忠诚的猎人杀死善良美丽的白雪公主。人们在讲白雪公主的故事时，嫉妒总会被描绘成不好的情绪。几乎所有的儿童电影和童话故事中都有一个有善妒的恶棍［想想《狮子王》（*The Lion King*）中的刀疤、《灰姑娘》（*Cinderella*）中丑陋的继姐妹和《阿拉丁》（*Aladdin*）中的贾法尔］。人们在孩提时就读过这些故事，看过这些电影，所以人们在长大后感到嫉妒时也会感到恐慌。人们将嫉妒与恶联系在一起，所以在嫉妒别人时会感到羞耻。

但嫉妒本身并非恶，它只是人们在面对某些事物时产生的，一种让人们怀疑自我价值的情绪。嫉妒并非总像绿眼怪物[1]那样出现。更多时候，嫉妒只是恐惧的一种表现形式——人们害怕失去自己所爱的、投入了情感和精力的事物。人们害怕别人拥有了什么，自己就会失去什么（匮乏心态）。所有曾经创业过的人都会明白我的意思：当人们开始做一件需要投入巨大精力和成本的新事情时，如果听说其他做类似事情的人成功了，人们就容易产生嫉妒的情绪。

我有一个朋友刚刚成为一名私人教练。在考取资格证书的整个学习过程中，她都非常兴奋、态度积极，并充满活力。她总是从其他教练身上寻找灵感和动力。但当她拿到证书的那一刻，嫉妒就出现了。她给我发短信说："你知道某某现在也是私人教练了吗？真是不可思议。"她开始痴迷于观察该地区的其他教练，并将自己与他们比较。然而，这并非嫉妒，而是恐惧。她害怕投入了这么多金钱和时间进行培训后，自己可能无法获得预期数量的客户。恐惧是她嫉妒的起因，同时也阻碍了她发挥自己的潜能。她要先认识到嫉妒是恐惧带来的，然后才能开始抚平自己的不安全感。

如果嫉妒是恐惧驱动的，那么这就意味着你可以利用嫉妒引导自己去消除那些阻碍显化的限制性信念、不安全

① 绿眼怪物：出自莎士比亚戏剧《奥赛罗》（*Othello*）。在英语国家，"绿眼怪物"表示"嫉妒"。——译者注

感和疑虑。

放下嫉妒最有效的方法就是努力消除会引起嫉妒的恐惧和疑虑。正如我在“步骤二：消除恐惧和疑虑”中提到的，这个过程需要持续进行。在此期间，你可以做些什么来避免这种低能量情绪萦绕心头，阻碍你在显化之旅中前进呢？

我们可以化嫉妒为灵感。

灵感位于嫉妒的对立面。嫉妒源于匮乏心态这一低能量状态，而灵感具有高能量，出自富足心态。你嫉妒某人，感到恐慌，其实只是害怕他的成功会夺走你的机会。嫉妒意味着“不够”，而灵感意味着“无穷无尽”。

每当你感到嫉妒时，你就获得了重塑思维的机会。选择一个让你有灵感的视角，推动自己离梦想更进一步吧。

> 嫉妒的想法：“这是他们才能拥有的，而我无法拥有。”
>
> 让你有灵感的想法：“这是他们拥有的，我希望我也能拥有。”

经常有人来找我，希望我帮他们显化一段亲密关系。这些人总是告诉我，当他们看到自己的朋友恋爱、结婚时，他们真的很难为朋友感到高兴。在他们看来，这又一次提醒了他们在自己的人生旅途中“落后了”，他们甚至会说：“这太不公平了。”我提醒他们，这种嫉妒的情绪源于“没有得到足够的爱”的心态，而这种心态正在阻碍他们吸引灵魂伴侣进入自己的生活。我鼓励他们多看看朋友们的亲密关系是怎样的，把嫉妒转化为灵感，比如可以对自己说：“我喜欢看到两个人在一起很幸福的样子。他们的关系看起来真的太美好了，我很想在对的时间体会到这种幸福的感受。”这虽然只是一种简单的心态转变，但是非常有效。

再举个例子。假设你偶遇了一位老朋友，你们决定去喝杯咖啡叙叙旧。她告诉你，她毕业后创办了自己的科技公司，做得非常好，然后她去年卖掉了公司，过去一年都在环游世界，因而她看起来光彩照人，面容像被阳光亲吻过一般。注意你的身体、情感和心理对这些信息的反应。你是否感受到了我在前文描述的那股恐慌，这种情绪还演变成了微妙的悲伤、不满和挫败感？如果是，先确认你的感受，对自己说：“听到这些话让我感到嫉妒。”记住，你可以产生这种感受。然后，以自爱、同理心和善意取代评判。做到这一点后，你就可以做出一个有力量的决定：把嫉妒转化为灵感。你可以选择能够鼓舞自己的想法，比如“看到有人成功开创了自己的事业，自由追逐自己热爱的事情，我很高兴。也许我也可以开始探索自己如何才能做到这件事了。”然后，你可以用她的成功来激励自己显化愿景。

媒体常常会用煽动性的标题来抨击别人，怂恿人们嘲弄和评判别人，这滋养了嫉妒，使人们觉得嘲弄和评判别人是正常的，也让人们觉得他们可以公然表达嫉妒。对每个人来说，这都是一个危险的循环。好像只要嫉妒露头，人们就可以大声宣告它的存在。我发现，在聚会和社交媒体上的交流很容易变成由嫉妒引起的八卦盛宴。一群人在一起聊天，通常用不了多久，就会开始联合诋毁另外的人，对后者和后者的选择说三道四。尽管人们不愿意承认这种行为总是嫉妒驱动的，能量很低，不仅非常不友好、浪费时间，还会破坏人们自身的显化能力。你看到这种情况发生时，要及时指出来，或者至少要远离这类有毒的对话。

贬低别人是低能量，赞美别人则是高能量。

支持别人、赞美别人、祝贺别人、帮助别人、鼓励别人，这些行为都出自爱和高自我价值感。它们在告诉你的潜意识，你不会因别人的成功而感到被威胁，相反，你会从中得到启发，推动自己显化梦想生活。如果你不断释放有爱意的、磁场强大的和积极的能量，你就会获得富足。我一直鼓励大家建立充满爱、

> 联结和没有任何评判的关系，这对所有人的显化都大有裨益。

将嫉妒转化为灵感，不仅能提升你的能量，还能帮助你明晰愿景，更清楚你需要在愿景板上添加的内容。假设你想显化一场冬季婚礼。虽然你可能强烈感知到这就是你想要的婚礼形式，但是只有你亲眼见证了一场冬季婚礼时，你才能清晰地将其视觉化。这样，当你下一次进行视觉化练习或制作愿景板时，你脑海中的画面会更丰富、生动。

在浏览社交媒体时，将嫉妒转化为灵感也是一个很好的显化工具。假设你在社交媒体上看到有人和朋友们在一家新开业的餐厅享用美味佳肴，你察觉到了"嫉妒信号"。这时，请花点时间停下来确认自己的感受，然后把嫉妒转化为灵感："我也想去这个地方，我要把它添加到打卡列表里，真是迫不及待地想亲自体验一下了。"利用社交媒体上那些对你胃口的度假照片、情侣自拍照或室内设计图片，帮助你想象你向往的事物。从你看到的事物中获得灵感，并主动对自己说："我想要这个东西，我值得拥有它。这就是我即将显化的东西。"

你用别人的成就或经历启发自己，就是在告诉你的潜意识："我相信世界上有足够多的爱、幸福和成功，我能够拥有它们。”

我自己经常使用这个工具。世界上有成千上万的教练、心灵导师、老师和作家，自我发展这个行业正在快速成长。我如果将自己与同行进行比较，或者允许自己嫉妒别人的成功，就会永远保持匮乏心态。每每看到别人上传与自我发展有关的文章、为杂志撰稿、举办研讨会或出书，我都会感到嫉妒。我如果允许自己处于这种状态，我的能量就会非常低，这种嫉妒会让我窒息！相反，我选择主动赞美同行的成功，并怀着敬畏之心欣赏他们创造出的一切美好的事物，希望从中获得灵感。我之所以这么做，是因为我打心底里知道，优秀的教练、老师和作家数不胜数，但同时也有更多的人希望在自我发展之路上继续学习和得到帮助。我看到并相信自己有大量的机会可以帮助、启发和激励别人，我也因此得到了丰厚的回报。我不想成为从事这个行业的唯一的那个人，或者最好的那个人，我只想在这个世界上留下自己的印记，无论这个印记是大是小。

希望你能主动选择不断将嫉妒转化为灵感。

✏ 练习：将嫉妒转化成灵感

尽可能多地写下你能想到的最近使你感到嫉妒的事

情，然后针对每一件事情写下另一种能让你产生灵感的视角。

嫉妒的想法：

让你产生灵感的想法：

寻找灵感

如果你想在显化之旅中取得更大的进步，那么你不仅要将嫉妒转化为灵感，还应该积极寻找灵感。**寻找能给你带来灵感的人，从他们身上发现你能显化自己愿望的证据。**

请记住，灵感具有高能量。

例如，如果你想显化成功创办一个服装品牌，那么就去看看其他已经取得巨大成功的服装品牌，它们在向你证明你所想之事是可能实现的。

> 寻找能带给你灵感的人，让你的意识和潜意识都知道你想显化的事情是可能实现的，这会帮助你移除所有潜藏的自我怀疑，同时有助于你丰富你的视觉化内容。

在“步骤五：拥有感恩之心”中，我解释了感恩在显化之旅中的重要性，而嫉妒与感恩无法共存。当你嫉妒他人以及他人拥有的事物时，你不可能同时对自己拥有的一切真正心怀感恩。例如，如果你嫉妒闺蜜的单身生活和冒险经历，你就不可能由衷地对自己遇到了灵魂伴侣并和对方建立起稳定的关系感到感恩。感恩能驱散嫉妒，这也是感恩的强大力量的体现。

如果你对更多的事物抱有感恩之心，真正静下心来感恩自己拥有的一切，你就能赞美周围的一切，而不会心怀嫉妒。我可以坦率地说，自从我自己练习和拥抱感恩（无任何附加条件）以来，我一直在由衷地支持着我周围的人。

以下是将嫉妒转化为灵感的四个步骤。

1. 意识到嫉妒

要意识到自己的嫉妒，就要留心自己的想法。这样就能在嫉妒产生时捕捉到它。

2. 消除嫉妒带来的羞耻感和自我评判

好好爱自己，给予自己同理心和善意，不评判自己。

3. 从嫉妒中学习

当你发现自己要评判别人时，问问自己：“是什么驱使我做出这种评判？是对什么的恐惧或疑虑在驱使我这么做？他们拥有什么我渴望的事物？”

4. 将嫉妒转化为灵感

每当你有机会嫉妒某件事或某个人时，你同样有机会重塑你的视角，并将其转化为灵感。

最后，我还想分享一点关于嫉妒的想法：还记得我说过自爱是显化的基础吗？它在这一步尤其重要。你越能给予自己同理心，不评判自己，用爱和善意对待自己，将嫉妒转化为灵感就会越容易。你越真正爱现在的自己，爱你想要成为的自己，就越不会因周围的事物产生消极情绪。你无条件地爱自己，为今天的自己和明天的自己感到骄傲，嫉妒就不会有生存空间。

STEP

SEVEN

步骤七

相信相信的力量

要在生活中得到你想拥有的一切，

秘诀就在于知道你要什么，

并相信自己能够拥有它。

诺曼·文森特·皮尔（*Norman Vincent Peale*）

一旦你知道了自己想显化什么样的生活，培养起自爱，消除了恐惧和疑虑，通过了显化之旅的考验，调整了自己的行为，拥有了感恩之心（没有任何附加条件），并将嫉妒化为了灵感，那么你剩下要做的就是“相信”：相信你的愿景会实现。

相信有一种伟大的力量，相信相信的力量是人们通过长期实践总结出来的可靠经验，它是指你要相信自己，相信未来，相信生命的力量。你相信你的愿景会实现，尽管你还不知道它会如何发生在你眼前。这种坚定的信念会让它向你走来。

人们对显化最大的误解之一是：显化就是控制未来。但事实上，显化与控制无关，显化是一种臣服。它是明确和视觉化你想要的事物，并积极主动地靠近它，最终臣服显化之旅会指引你到达目的地。还记得我在本书开头说过，视觉化你想要的事物就像在地图软件中准确输入目的地一样吗？显化就像这样的计算机程序，你可以让它指引你在哪里拐弯、需要避开哪些路、走哪条高速公路，并在你拐错弯的时候帮助你回到正轨。你不必试图控制这个过程，你要允许显化完成自己的工作，而你也要做好你自己的工作。因此，你要向神奇的显化臣服，足够信任它。

在我发现显化之前，我把所有形式的拒绝都视为“我不值得被尊敬（或不值得被爱）”的佐证，我一再允许它阻碍我前进的步伐。我安于现状，不去争取自己值得的更好的事物，因为我怀疑自己永远得不到想要的事物。我允许嫉妒占据上风，因为我不相信自己可以创造想要的生活。我一直是自己道路上的阻碍，因为我对拥有美好的未来没有自信。在发现显化之后，因为我相信相信的力量，我的生活已经大不一样了：我把拒绝看作对更好生活的重新定位；我不再将就，因为我知道当我通过了显化之旅的考验，展现出了高自我价值感时，我就会得到富足的奖励；我也不会把宝贵的精力浪费在嫉妒别人上，而会不断寻求灵感。我相信自己有价值，相信我能放下那些不再有益于我的事物，相信我能发现自己的力量。我知道自己值得拥有最好的事物，我也希望你相信你能拥有最好的一切。

最后一步可以说是所有步骤中最有力量的一步。它不仅能帮助你更轻松地克服困难，还能帮助你超越恐惧和疑虑这两个显化之旅中最大的障碍。当你相信相信的力量时，恐惧和疑虑就没有生存的空间了。

相信、确信和不可动摇的自信都有着高能量，都能帮助你轻松地将富足吸引进你的生活。

相信的力量还以另一种方式支持着你的显化之旅：它

让你培养显化所需的感恩之心。它是怎么做到的呢？你确信某件事情即将发生，这意味着你臣服于显化之旅，这本身就能消除一部分担忧、焦虑和压力，因为它消除了“这怎么会发生呢？”这个永恒的问题。举个例子，假设你正在找房子。如果你不相信自己能得偿所愿，那么在找房子的过程中，你可能发现自己一直在绝望地想：“我什么时候才能找到它？”你可能开始恐慌，在每次看房，发现它不是自己心仪的房子时感到失望。你可能开始担心无法及时卖掉当前的房产，你可能彻夜难眠，担心事情的发展动向，在这期间你可能倍感压力。但是，如果你相信完美的房子会在对的时间出现在你面前，你就能够放下所有低能量情绪，比如担心和疑虑，转而让自己沉浸在寻找完美之家和开启新篇章的喜悦和兴奋之中。当你不再担心你是否能到达某个目的地，因为你知道自己一定会到达的时候，你就更能专注于当下，对周围的一切有更多的觉察和欣赏。这就是我在“步骤五：拥有感恩之心”中提到的，要真正到达显化的甜蜜点，就要在知道自己想要什么的同时，真心地感恩自己目前拥有的一切。

第七步是显化之旅不可或缺的一步，它能进一步强化前面所有的步骤，但也是人们最难做到的一步。我经常听到有人说：“我已经做了我应该做的一切，但梦想还没有实现。很明显，显化对我没用。”他们变得沮丧，开始怀疑自己，并否定在此之前自己做的所有颇有成效的内在工作，开始前功尽弃：陷入原来的坏习惯，做那些破坏自我价值感的事，因为他们不再信任显化。出现这种情况通常是因为急躁。

急躁是显化的敌人。

在显化之旅中，人们经常非常急躁，以求找到一条实现梦想的捷径——这会干扰显化的过程，最终使人偏离显化之旅。人们生活在一个急功近利的世界，我很理解为什么很多人都想找捷径。这种急躁就好像人们希望能像在网上下订单那样快地“收到”自己的梦想。

等待的过程是对自信和自我价值感的巨大考验。当一件事情没有如愿以偿时，消极情绪、限制性信念和不安全感就有了生长空间。出于本能，人们可能倾向于陷入消极情绪。伴随着被放大的恐惧和疑虑，人们的能量会变低。人们可能说“我就知道我不配拥有它”或“我就不应该相信我能拥有它”之类的话。接着，人们会试图用一些可以暂时缓解自我怀疑的事物来抚平不安全感。例如，我有一个单身了一年的朋友，她现在厌倦了等待与灵魂伴侣相遇。她不停地问我：“为什么我还没有遇见他？”我温和地提醒她：首先，单身一年其实并不久；其次，她的内心很明显仍然对亲密关系充满着恐惧和疑虑。我告诉她，我认为她要先治愈自己的过去，才能遇到灵魂伴侣。然而，她做了很多人在听到建议时都会做的事：认真倾听，然后忽视。她决定不再费心等待，任由自己被“我不值得”的感受吞噬。她继续和一个无法让她情绪稳定和给她承诺的人约会，这并不出人意料。她为了暂时缓解孤独，干扰了自己邂逅灵魂伴侣的过程。最后，她终于中断了这段关系，开始致力于自我发展，提升自我价值感，放下了必须在特定时间满足需求的执着，才遇到了现在的未婚夫。

其实，诀窍就在于**放下等待**。等待，尤其是近乎“绝望”地等待某些事情的发生，会降低你的能量，削弱你整体的力量和显化能力。不要再等待，而是活在当下吧。

我再来谈谈放下的重要性。在本书中，以及在显化旅程中，你应该反复练习放下：放下过去的自己，放下你过去认为应该成为的自己，放下恐惧和疑虑，放下那些不再对成为最强大的自己有益的事物，放下嫉妒，最后，放下要掌控人生道路确切方向的执着。当你相信自己，相信相信的力量，放下就会成为一件毫不费力的事。

放下意味着你选择臣服与信任，这个过程蕴藏着巨大的力量。

现在，我想告诉你，我是如何利用本书的七个步骤来显化你现在正在阅读的这本书的。

从我记事起，我就喜欢写作。它一直是我最喜欢，也是让我感到最舒服的表达想法和感受的方式。在学校的时候，我就梦想着成为一名作家，自己的书能够出版。我会很确信地告诉别人："总有一天我会写一本书。"但是，当我进入人生的新阶段，开始上大学时，这个梦想就被放在一边了，就像许多人的童年梦想一样。

十年后，在我发现了显化，实现了自己的目标，并追逐自己的热爱，成为一名自我发展教练后，这个梦想再次涌上心头了。人们有时会对我说："你应该写一本书。"我会回答说："是的，我很想写，总有一天会写的。"梦想再次浮现，我知道我想写一本书，我很确信这一点。但我不确定什么时候写、如何写或写什么。

就在去年，一位出版人通过社交媒体联系了我，她问我是否想过写一本书，然后我们开始交谈。在我们的交谈中，本书的主题第一次清晰地呈现在我面前：显化七步指南（步骤一√）。在我们讨论向各家出版社提交选题策划书约两个月后，这位出版人因个人原因不得不与我终止合作。我想："这也许是件好事，因为我觉得自己还没有准备好。"我退后一步，花了一些时间审视自己对写书的恐惧和疑虑——为什么我觉得自己还没有准备好？我察觉到一些限制性信念在阻碍我，让我无法由衷相信自己有能力写书，然后，我开始逐一消除这些信念（步骤二√）。然后，在圣诞节前后，我在内心做了一个决定：“我准备好写我的第一本书了。”与此同时，我也在培养自爱和自我价值感。我决定不通过独立出版人找出版商，转而自己一个人做这件事，显化的力量在这个过程中慢慢发挥出来了。2021年来临之际，我在自己的年度愿景板上写道：“写好书稿，编辑好，准备出版。”我明确了我的梦想。接着，我在社交媒体上发布了一条内容：“嗨，我正在寻找图书出版商。有兴趣的朋友请联系我！”我采取行动，调整自己的行为，走出舒适区，积极主动地推进我的梦想实现（步骤三√）。

一家出版商立即回复我，说他们很感兴趣。我以前没听说过这家出版商，但它在业内声望很高。我和那位在社交媒体上联系我的可爱女士通了电话，不到一周，我就收到了第一份邀约。这是一个非常好的机会，但当我再次与他们通话时，我内心开始打鼓了。我心里清楚，我只想和一家出版商签约，就只有一家——企鹅出版社。这家出版社出版了苏珊·杰弗斯（Susan Jeffers）[①]的《惧动力》，这本书是引领我走上自我成长之旅的第一本书。这是对我的考验：出书机会就摆在那里，但并非来自企鹅出版社。在某个周五，我拒绝了这个邀约（步骤四√）。

① 苏珊·杰弗斯：知名心理学家、作家和演讲家，代表作《惧动力》（*Feel the Fear and Do It Anyway*）。——译者注

第二天，我约了好朋友奥利维亚一起散步，并告诉了她关于邀约的事情。她说："你为什么不问问像伊丽莎白·戴（Elizabeth Day）[①]这样的人呢？她出版过很棒的书，也许你可以在社交媒体上联系她？"这让我茅塞顿开。我不认识伊丽莎白，也不太愿意突然联系她，但我和她的经纪人格蕾丝很熟。当晚，我给格蕾丝留了言，她回复我说，我收到的邀约对一个初次写作者来说是一个非常好的邀请，但她说她会想一下我问她的问题，如果对我下一步的行动有什么想法，她会告诉我。周一晚上，当我在浴缸里放松地泡澡，消除一天的疲劳时，我的手机响了。是格蕾丝给我发消息了。她说："嘿，罗克西，我差点忘了，今天早上我和企鹅出版社非虚构图书部门的编辑伊恩有个线上会议。她说他们在找一些新素材。我把她的电子邮件地址发给你。"我笑了笑。在我联系格蕾丝不到48小时，她就见到了我梦想的出版商，这是多么巧合的一件事啊！我就坐在浴缸里，直接给伊恩发了一封邮件。我全然相信我得到这个机会是有原因的（步骤七√）。我在邮件的标题行写上"显化之书"，在正文中写道："嗨，伊恩，

① 伊丽莎白·戴：英国作家、记者和播客主持人。她主持名为"如何面对失败"（How To Fail）的播客节目，邀请各行各业的嘉宾分享他们失败的经历和教训，并基于该节目内容出版了畅销书《如何面对失败》（*How To Fail: Everything I've Ever Learned From Things Going Wrong*）。——译者注

我刚才从格蕾丝那里得到了您的邮箱。做个简单的自我介绍，我是一名自我发展教练和显化专家，每个月我都会举办自我发展线上研讨会，其中有一个主题就是‘显化七步指南’，我想把它写成一本书。请原谅我冒昧地给您发送邮件，但如果您有兴趣和我聊聊，随时欢迎。周一快乐！罗克西。”

5 分钟后，我就收到了回复。

“嗨，罗克西，感谢你与我联系，我很开心。我最近一直在和团队讨论显化，也一直在关注这个主题。所以，我对你非常感兴趣，想了解更多的信息。周四上午 9:30，你是否有时间呢？我们进一步沟通可以吗？再次感谢你的联系。祝好，伊恩。”

会议开始 10 分钟后，我注意到了一件事。伊恩的桌子上有一本书，我一眼就认出来封面正是苏珊·杰弗斯的《惧动力》。看到这本书的那一刻，我就知道我所做的一切都是有意义的。我们在一周内就签订了正式协议，我当场喜极而泣：企鹅出版社将出版我的第一本书——而这一天距离我首次举办显化工作坊刚好一年。

相信相信的力量是显化的所有步骤的黏合剂。

踏上显化的探索之旅时，你要留心那些“巧合”或偶然的时刻，留意那些你正想着什么，什么就突然出现在你面前的时刻。例如，你正在想着一首想听的歌，收音机里就突然响起了这首歌；你正在想着一个很久没有联系的人，他就突然给你发来了信息。重视所有这样的时刻，让它们帮助你增强你的信念，让它们向你展示信念的强大力量，以及蕴藏在你身体中的创造和改变现实的强大力量。当你想显化的事物出现在生活中时，你会发现自己的信念会成倍加强，并推动你在显化之旅中走得更远。

后　记

你刚开始阅读本书时，可能以为显化只是想象自己想要的事物，然后等待它们发生。我希望读完本书后，现在你能够正确理解显化，对显化有着与我相同的看法：它不仅是一种神奇的力量，更是一种自我发展的实践。显化不仅能给你的生活带来富足，还能帮助你发挥自己的力量，释放你所有的潜能。

显化的核心是你的高自我价值感、潜意识层面相信自己值得的信念，以及你的自爱能力。显化鼓励你成为最好的自己，它想让你成为最真实、最有力量的自己，让你发现你的内在力量，让你克服限制性信念、恐惧、疑虑和不安全感。显化梦想生活要求你放下不再于你有益的事物。请记住，你可以成为任何你想成为的人。

你做的每一件事，度过的每一天，都给予了你很多机会去增强显化能力。你接受的观念，你滋养身体的方式，你的日常行为，你养成的习惯，你拥有的友谊，你接受的别人对待你的方式，以及你走出舒适区的意愿……你所做的选择应该展现着自爱，都能提升你的自我价值感，从而让你更接近自己的梦想。

事实上，本书的步骤并非完成一步才能做下一步，而是同时进行的。七个步骤在互相支持。当你掌握所有步骤时，你就成功解锁了显化能力。

你的人生只有一次，你的任务就是尽可能让它成为最好的样子，让它沉浸在快乐、爱、自信和满足感中吧。现在，是时候了。不要再被动地接受一切。开始认识内在无穷的力量，去选择和创造梦想生活，去显化最美好的生命形态吧。

或许有人曾告诉你："你不可能拥有一切。"但我想在这里告诉你："你可以拥有一切。"

致　谢

韦德，没有你，我梦想的一切都不可能成为现实。感谢你所做的一切。

莉娅，我的知心姐姐，我最好的朋友，谢谢你。

感谢我所有的家人，我对你们的爱无以言表。

感谢安妮，谢谢你陪在我身边，帮助我跨越每一步。

感谢艾米·贝利，谢谢你设计出了我想要的封面！

最后，感谢每个允许我参与你们自我发展旅程的人，感谢你们参加我的工作坊，感谢你们拿起本书，感谢你们愿意与我分享自己的故事。

笔 记

· 笔 记 ·

157

· 笔 记 ·